Einfluss leistungsstarker elektromagnetischer Störquellen
auf drahtlose digitale Übertragungssysteme im 2,4-GHz-ISM-Frequenzband

Einfluss leistungsstarker elektromagnetischer Störquellen auf drahtlose digitale Übertragungssysteme im 2,4-GHz-ISM-Frequenzband

Vom Promotionsausschuss der
Technischen Universität Hamburg-Harburg

zur Erlangung des akademischen Grades

Doktor-Ingenieur (Dr.-Ing.)

genehmigte Dissertation

von

Dipl.-Ing. Christian Klünder

aus

Hamburg

2014

Bibliografische Information der Deutschen Nationalbibliothek
Die Deutsche Nationalbibliothek verzeichnet diese Publikation in der Deutschen Nationalbibliografie; detaillierte bibliografische Daten sind im Internet über http://dnb.d-nb.de abrufbar.

1. Aufl. - Göttingen: Cuvillier, 2014
Zugl.: (TU)Hamburg-Harburg, Univ., Diss., 2014

978-3-95404-617-1

Gutachter:	Prof. Dr.-Ing. Dr.-Ing. E.h. Jan Luiken ter Haseborg *Technische Universität Hamburg-Harburg*
	Prof. Dr.-Ing. habil. Udo Zölzer *Helmut-Schmidt-Universität Hamburg*
Vorsitz:	Prof. Dr. sc. techn. Christian Schuster *Technische Universität Hamburg-Harburg*

Tag der mündlichen Prüfung: 25. Oktober 2013

Nonnenstieg 8, 37075 Göttingen
Telefon: 0551-54724-0
Telefax: 0551-54724-21
www.cuvillier.de

1. Auflage, 2014
Gedruckt auf umweltfreundlichem, säurefreiem Papier aus nachhaltiger Forstwirtschaft.

978-3-95404-617-1

Danksagung

Die vorliegende Arbeit entstand während meiner Tätigkeit als wissenschaftlicher Mitarbeiter am Institut für Messtechnik und Elektromagnetische Verträglichkeit der Technischen Universität Hamburg-Harburg.

Mein erster Dank gilt Herrn Prof. Dr.-Ing. Dr.-Ing. E.h. Jan Luiken ter Haseborg für die äußerst positive und ergiebige Betreuung. Sowohl seine zahlreichen Hinweise und Anregungen als auch die bereitgestellten Arbeitsbedingungen haben mir für die erfolgreiche Umsetzung dieser Forschungsarbeit sehr geholfen.

Herrn Prof. Dr.-Ing. habil. Udo Zölzer danke ich für die Übernahme des Koreferats und Herrn Prof. Dr. sc. techn. Christian Schuster für die Übernahme des Vorsitz des Prüfungsausschusses.

Allen Kollegen im Institut danke ich für die überaus angenehme und freundschaftliche Arbeitsatmosphäre. Insbesondere danke ich Herrn Dr.-Ing. Florian Brauer für die anregenden Fachdiskussionen und die kritische Durchsicht zum Abschluss dieser Arbeit. Zudem danke ich den zahlreichen Studienarbeitern, Diplomanden und studentischen Hilfskräften, die durch ihr enormes Engagement einen Anteil zum Gelingen beigetragen haben.

Weiterhin danke ich meiner gesamten Familie für den stetigen Ansporn, den sicheren Rückhalt sowie die umfangreiche Unterstützung auf meinem gesamten Lebensweg.

Schließlich gebührt mein ganz besonderer Dank meiner Frau Laura. Durch ihre unermüdliche Geduld, Unterstützung und Verzicht auf viele gemeinsame Stunden war es überhaupt erst möglich, diese Arbeit zu einem Ende zu bringen.

A man's gotta do what a man's gotta do!
Ein Mann muss tun, was ein Mann tun muss!

(John Wayne, Gary Cooper, Alan Ladd, George Jetson, John Cleese, Heinz-Rudolph Kunze)

Kurzfassung

Der Einsatz drahtloser Übertragungssysteme nimmt in allen Bereichen der Heim-, Büro- und Industrieanwendungen zu. Besonders wird dabei auf digitale Übertragungssysteme wie Wireless LAN, Bluetooth und ZigBee aus dem 2,4-GHz-ISM-Frequenzband zurückgegriffen, welche durch einen weltweit hohen Akzeptanzgrad aufgrund einheitlicher Nutzbarkeit und geringer Kosten profitieren. Die Einsatzmöglichkeiten dieser drahtlosen Übertragungssysteme sind mannigfaltig und stellen immer wieder große Herausforderungen an die Integration in Bereiche mit hohen Anforderungen an die Elektromagnetische Verträglichkeit. Neben konkurrierenden drahtlosen Übertragungssystemen sind dabei besonders leistungsstarke elektromagnetische Störquellen, wie ein Radarsystem, von besonderem Interesse. Darüber hinaus nimmt durch den stetig steigenden technologischen Fortschritt eine Vielzahl von leistungsstarken elektromagnetischen Störquellen zu, die in militärischen oder terroristischen Anwendungen Einsatz finden und elektronische Systeme bewusst beeinflussen können.

Die vorliegende Arbeit betrachtet die Einflüsse und Auswirkungen leistungsstarker elektromagnetischer Störungen auf drahtlose Übertragungssysteme aus dem 2,4-GHz-ISM-Frequenzband wie Bluetooth und Wireless LAN. Dabei wird speziell die Kopplung von leistungsstarken periodischen Störungen, wie Navigationsradare, und leistungsstarken transienten Störungen, wie ultrabreitbandige Pulse, auf drahtlose digitale Übertragungssysteme aus dem 2,4-GHz-ISM-Frequenzband untersucht. Die resultierenden Einflüsse und Auswirkungen werden zum einen innerhalb des Basisbandes eines Übertragungssystems und zum anderen an kommerziellen drahtlosen Übertragungssystemen analysiert. Eine abschließende Worst-Case-Untersuchung bestimmt die Leistungsfähigkeit der verwendeten drahtlosen Übertragungssysteme gegenüber beliebigen leistungsstarken elektromagnetischen Störungen mit variabler Wiederholrate und Stördauer.

Inhaltsverzeichnis

1 Einleitung

Die Übertragung von Informationen ist aus unserer heutigen Gesellschaft nicht mehr fortzudenken. Typische Anwendungen wie Fernsehen, Internet, Radio oder Telefonie gehören zu unserem industrialisierten Lebensstandard im Alltag und werden immer weiter in Heim-, Büro- und Industriebereichen ergänzt sowie ausgeweitet. Dabei bietet die Anwendung von drahtlosen Übertragungssystemen eine hohe Flexibilität sowie Unabhängigkeit beim Zugriff auf Informationen, wodurch inzwischen viele drahtgebundene Übertragungssysteme durch drahtlose Übertragungssysteme ersetzt werden. Besonders gewinnen für einen Wechsel zu drahtlosen Übertragungssystemen die Argumente des steigenden Kostendrucks in der Entwicklung sowie steigende globale Rohstoffpreise immer mehr an Bedeutung. Darüber hinaus wird bei Verkehrssystemen wie Flugzeugen, Bahnen und Schiffen durch den Einsatz drahtloser Übertragungstechniken neben Planungs-, Installations- und Materialkostenreduktion auch eine wichtige Verringerung des Gewichts erreicht. Im modernen deutschen Passagierschiffbau werden momentan pro verlegtem Kabelmeter Kosten in Höhe von 70 bis 80 € geschätzt [1, 2], die durch den Einsatz drahtloser Übertragungssysteme reduziert werden können. Dieses Beispiel lässt sich auch auf andere Bereiche aus Heim-, Büro- und Industrieanwendungen ausweiten und steigert die Notwendigkeit am Einsatz drahtloser Übertragungssysteme. Vom besonderen Interesse sind dabei drahtlose Übertragungssysteme, welche eine global einheitliche Standardisierung aufzeigen, um diese Systeme weltweit ohne Einschränkungen nutzen zu können. Eventuelle nationale Insellösungen werden dadurch vermieden und der hohe Verbreitungsgrad garantiert niedrige Systemkosten. Insbesondere eignen sich dazu drahtlose Übertragungssysteme aus den ISM[1]-Frequenzbändern, wobei primär digitale Übertragungssysteme aus dem 2,4-GHz-ISM-Frequenzband durch eine weltweit lizenzfreie Nutzung schon Einsatz in der Automatisierungstechnik finden [3, 4, 5, 6].

Durch den Einsatz von drahtlosen Übertragungssystemen nehmen die Anforderungen an die Elektromagnetische Verträglichkeit (EMV[2]) unweigerlich zu. Das Grundgerüst der

[1]ISM - *Industrial, Scientific, Medical*

[2]Die EMV beschreibt im Allgemeinen *„die Fähigkeit eines Apparates, einer Anlage oder eines Systems, in der elektromagnetischen Umwelt zufriedenstellend zu arbeiten, ohne dabei selbst elektromagnetische Störungen zu verursachen, die für alle in dieser Umwelt vorhandenen Apparate, Anlagen oder Systeme unannehmbar wären“* [7].

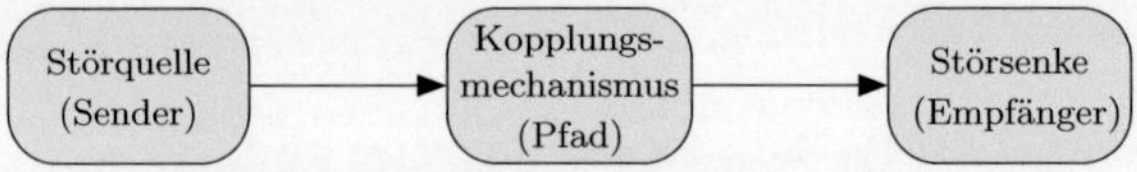

Abbildung 1.1: *Beeinflussungsmodell der EMV*

EMV wird durch das Beeinflussungsmodell der EMV beschrieben und ist als Blockschaltbild in Abbildung 1.1 dargestellt. Dieses Modell stellt abstrakt die Relation zwischen einer Störquelle (Sender) und einer Störsenke (Empfänger) über verschiedene Kopplungsmechanismen dar.

Im Gegensatz zu kabelgebundenen Übertragungssystemen besitzen drahtlose Übertragungssysteme eine Antenne zum bewussten Senden und Empfangen elektromagnetischer Energie im Übertragungsfrequenzbereich. Auch drahtlose digitale Übertragungssysteme aus dem 2,4-GHz-ISM-Frequenzband stellen daher eine besondere Störquelle und Störsenke dar. Die Behandlung als Störquelle zur möglichen Beeinflussung benachbarter elektronischer Systeme ist für den allgemeinen Schiffbau innerhalb von [1, 8, 9, 10] ausführlich behandelt worden und kann auch auf andere Einsatzbereiche übertragen werden. Darüber hinaus finden sich weitere EMV-Aspekte digitaler Datenübertragungssysteme in [11].

Neben der Beeinflussung anderer elektronischer Systeme in direkter Umgebung von drahtlosen Übertragungssystemen sind die Auswirkungen elektromagnetischer Störungen auf drahtlose Übertragungssysteme von besonderem Interesse und Gegenstand vieler Untersuchungen zur Störempfindlichkeit [12]. Gegenüber der schon viel behandelten Interaktionen durch konkurrierende drahtlose Übertragungssysteme innerhalb des 2,4-GHz-ISM-Frequenzbandes selbst (z.B. [13, 14, 15, 16]) ist auch der Einfluss weiterer elektromagnetischer Störquellen äußerst wichtig für eine zuverlässige Funktion der Übertragung. Je nach Einsatzumgebung können dies unterschiedliche Störquellen darstellen. Beispielsweise ist die im Heimgebrauch benutzte Mikrowelle eine potentielle Störquelle für das 2,4-GHz-ISM-Frequenzband und kann die Datenübertragung bei drahtlosen Übertragungssystemen wie Bluetooth und Wireless LAN beeinflussen [17, 18, 19].

Durch die EMV-Analyse drahtloser Übertragungssysteme aus dem 2,4-GHz-ISM-Frequenzband bei der Nutzung an Bord von Schiffen [1, 2, 9, 10] hat sich gezeigt, dass sich in der EMV-Umgebung „Schiff“ das bord-eigene sowie bord-fremde Navigationsradar als eine leistungsstarke elektromagnetische Störquelle besonders hervorhebt. Dazu gibt Abbildung 1.2 die vermessene elektrische Spitzenfeldstärke auf der Brücke eines modernen Kreuzfahrtschiffes wieder und zeigt das S-Band-Radar bei 3 GHz sowie das X-Band-Radar bei 9,4 GHz als größte Störquellen im Frequenzbereich bis 10 GHz. Die möglichen Einflüsse dieser leistungsstarken Störquellen auf drahtlose Übertragungssysteme aus dem 2,4-GHz-ISM-Frequenzband sind jedoch bisher wenig untersucht worden.

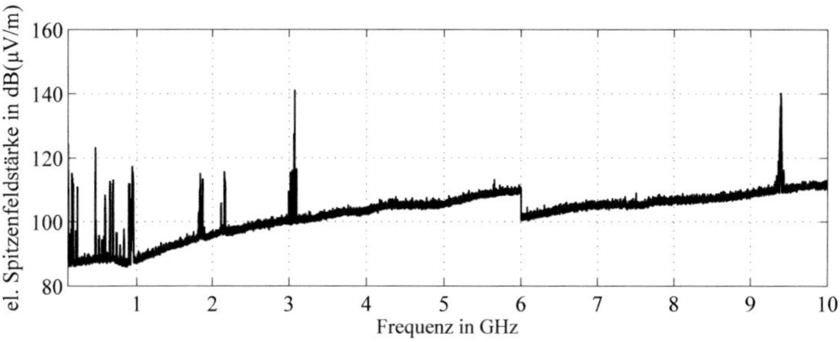

Abbildung 1.2: *Elektrische Spitzenfeldstärke auf der Brücke eines Kreuzfahrtschiffes*

So sind in [1, 9, 10] erste Beeinflussungen von drahtlosen Übertragungssystemen aus dem 2,4-GHz-ISM-Frequenzband durch diese Navigationsradare zu finden, welche jedoch nicht bei einer Variation verschiedener Parameter (elektrische Spitzenfeldstärke, Pulsdauer und Pulswiederholfrequenz) untersucht worden sind. In [20] wird weiterhin bestätigt, dass auch militärische Radare einen wesentlichen Einfluss auf drahtlose Übertragungssysteme haben können.

Der stetig steigende technologische Fortschritt hat darüber hinaus eine Vielzahl von weiteren potentiellen leistungsstarken elektromagnetischen Störquellen [21, 22] hervorgebracht, die vor allem in militärischen Anwendungen Einsatz finden und auch in der Lage sind, drahtlose Übertragungssysteme gewollt und ungewollt zu stören bzw. zu beeinflussen. Besonders auf die Gefahr der bewusst herbeigeführten elektromagnetischen Störung von elektronischen Systemen wird in [23] hingewiesen und allgemein unter dem Begriff Intentional EMI (IEMI[3]) beschrieben. Diese leistungsstarken elektromagnetischen Störungen haben einen erkennbaren Einfluss auf elektronische Systeme und sind Gegenstand vieler Forschungsvorhaben [24, 25, 26, 27]. Eine Untersuchung dieser leistungsstarken elektromagnetischen Störquellen auf drahtlose Übertragungssysteme aus dem 2,4-GHz-ISM-Frequenzband hat bisher jedoch nicht stattgefunden.

Das Ziel dieser Arbeit ist das Aufzeigen und die Analyse der auftretenden Effekte, die durch leistungsstarke elektromagnetische Störquellen in drahtlosen Übertragungssystemen hervorgerufen werden. Es soll Auskunft darüber gegeben werden können, inwieweit sich typische drahtlose Übertragungssysteme aus dem 2,4-GHz-ISM-Frequenzband unter Beeinflussung durch leistungsstarke elektromagnetische Störquellen verhalten. Besonders soll dabei auf die Variation einzelner Störquellenparameter eingegangen werden.

[3] Der Begriff IEMI ist im August 1999 auf der Generalversammlung der URSI (Union Radio-Scientifique Internationale) in Toronto definiert worden („*Resolution of Criminal Activities using Electromagnetic Tools*") und beschreibt die Fähigkeit, elektronische Komponenten und Systeme gewollt durch elektromagnetische Energie für terroristische oder kriminelle Zwecke zu beeinflussen, zu beschädigen oder zu zerstören.

1.1 Gliederung der Arbeit

Die vorliegende Arbeit gliedert sich in sieben Kapitel. Kapitel 2 beschreibt die Grundlagen der drahtlosen Datenübertragung und stellt dabei besonders die digitale Datenübertragung mit ihren allgemeinen Grundlagen sowie besonderen Anwendungsbereichen im 2,4-GHz-ISM-Frequenzband vor.

In Kapitel 3 wird eine Übersicht leistungsstarker elektromagnetischer Störquellen vorgestellt, die als Feldimpulsquellen eine potentielle Beeinflussung von drahtlosen Übertragungssystemen hervorrufen können. Dabei wird neben transienten auch auf periodische leistungsstarke Störquellen eingegangen und mit den jeweiligen beschreibenden Parametern erläutert.

Kapitel 4 behandelt die Untersuchung der elektromagnetischen Kopplung der im Kapitel 3 vorgestellten leistungsstarken Störquellen in drahtlose Übertragungssysteme und stellt die verwendeten leistungsstarken elektromagnetischen Feldimpulsquellen mit den verwendeten Untersuchungsumgebungen vor. Es werden die Kopplungspfade in drahtlose Übertragungssysteme untersucht und eine Abschätzung der eingekoppelten Störsignale gegeben.

Mit den Ergebnissen zur Einkopplung leistungsstarker elektromagnetischer Störquellen werden anschließend in Kapitel 5 die Auswirkungen auf das Basisband von drahtlosen Übertragungssystemen analysiert und die Ergebnisse dargestellt. Dabei werden mit Hilfe eines Quadraturdemodulators für das 2,4-GHz-ISM-Frequenzband die Einflüsse auf das demodulierte Bandpasssignal bei Beeinflussung durch die eingekoppelten Störsignale untersucht. Abschließend werden auf Basis eines grundlegenden Übertragungssystems für das 2,4-GHz-ISM-Frequenzband die Untersuchungen der Auswirkungen leistungsstarker elektromagnetischer Störungen ausgeweitet.

Kapitel 6 gibt die Untersuchungen der Einflüsse auf kommerzielle drahtlose Übertragungssysteme wieder und beschreibt die Auswirkungen auf typische Übertragungssysteme wie Wireless LAN und Bluetooth bei Variation diverser Parameter der einkoppelnden Störquellen. Ergänzend zu diesen Ergebnissen werden anschließend durch die Nachbildung der Störung mit einer periodischen Unterbrechung der Verbindung die Untersuchungen auf kommerzielle drahtlose Übertragungssysteme erweitert. Abschließend werden mögliche Schutzkonzepte zur Reduzierung der Beeinflussungen angesprochen.

Das letzte Kapitel fasst die Ergebnisse der durchgeführten Untersuchungen des Einflusses leistungsstarker elektromagnetischer Störungen auf drahtlose digitale Übertragungssysteme aus dem 2,4-GHz-ISM-Frequenzband zusammen.

2 Drahtlose Datenübertragung

Die drahtlose Datenübertragung beschreibt die Übertragung von Informationen durch Ausnutzung elektromagnetischer Wellen per Funktechnologie. Die Grundlagen für die drahtlose Übertragung lieferte James Clerk Maxwell durch seine postulierten Maxwell'schen Gleichungen im Jahre 1864 [28]. Während Heinrich Hertz den Nachweis elektromagnetischer Wellen und damit den Beweis der Gültigkeit der Maxwell'schen Gleichungen lieferte, gelang es Guglielmo Marconi als Pionier der drahtlosen Datenübertragung am Ende des 19. Jahrhunderts, die erste drahtlose Datenübertragung zu realisieren. Im Laufe des 20. Jahrhunderts ist diese Technik stetig weiter entwickelt worden und findet heutzutage Einsatz in einer Vielzahl von drahtlosen Anwendungen.

Neben lizenzierten drahtlosen Übertragungssystemen, wie z.B. der Mobiltelefonie (GSM[1] und UMTS[2]) oder dem Radio- und Fernsehempfang, sind besonders im privaten und industriellen Umfeld die lizenzfreien drahtlosen Übertragungssysteme in ISM-Frequenzbändern weit verbreitet. ISM-Frequenzbänder bezeichnen Frequenzbereiche, welche für die *„Nutzung elektromagnetischer Wellen durch Geräte oder Vorrichtungen für die Erzeugung und lokale Nutzung von Hochfrequenzenergie für industrielle, wissenschaftliche, medizinische, häusliche oder ähnliche Zwecke“* [29] verwendbar sind und weltweit durch die „Internationale Fernmeldeunion für den Sektor Radiokommunikation“ (ITU-R) festgelegt werden. Eine Übersicht der in Deutschland durch die Allgemeinzuteilung der Bundesnetzagentur (BNetzA) zur Verfügung stehenden ISM-Frequenzbänder gibt Tabelle 2.1.

Tabelle 2.1: *Zur Nutzung freigegebene ISM-Frequenzbänder in Deutschland [29]*

9 kHz bis 10 kHz
13,553 MHz bis 13,567 MHz
26,957 MHz bis 27,283 MHz
40,66 MHz bis 40,70 MHz
433,05 MHz bis 434,79 MHz
2400 MHz bis 2500 MHz
5725 MHz bis 5875 MHz
24 GHz bis 24,25 GHz

[1] GSM - *Global System for Mobile Communications*
[2] UMTS - *Universal Mobile Telecommunication System*

Eine der wesentlichen Beschränkungen drahtloser gegenüber drahtgebundener Datenübertragung ist die Teilung eines gemeinsamen Übertragungsmediums. So können gerade bei der freien Nutzung von ISM-Frequenzen, elektromagnetisch-emittierende Geräte, wie das Mikrowellengerät oder auch medizinische Geräte zur Kurzwellenbestrahlung, eine zusätzliche Beeinflussung für drahtlose Datenübertragungssysteme darstellen. Generell ist daher bei der Nutzung von drahtlosen Übertragungssystemen innerhalb von ISM-Frequenzbändern das Risiko einer Störung durch gegenseitige Beeinflussung sehr wahrscheinlich. Zur Koordination und Vermeidung von gegenseitigen Beeinflussungen innerhalb des gemeinsamen Übertragungsmediums sind, neben einer räumlichen Trennung sowie Begrenzung der Sendeleistung, viele hoch entwickelte technische Lösungen in drahtlosen Datenübertragungssystemen integriert. Dabei bieten gerade digitale Datenübertragungsverfahren viele Möglichkeiten zur störungsfreien Übertragung und verdrängen daher mehr und mehr die analogen Übertragungsverfahren.

Eine Vielzahl von industriellen Herausforderungen in der Automatisierungstechnik werden bereits durch digitale drahtlose Übertragungstechniken in ISM-Frequenzbändern gelöst [4, 5, 6]. Dabei wird besonders auf die im 2,4-GHz-ISM-Frequenzband genutzten drahtlosen Übertragungsstandards Wireless LAN, Bluetooth und ZigBee zurückgegriffen, welche durch eine weltweit einheitliche Standardisierung sehr verbreitet und dadurch auch kostengünstig sind.

In den folgenden Abschnitten werden, aufbauend auf den Grundlagen der Nachrichtentechnik, speziell die Eigenschaften und Besonderheiten der digitalen Nachrichtenübertragung beschrieben. Dabei werden unter anderem typische Parameter und Verfahren drahtloser digitaler Datenübertragungssysteme vorgestellt. Dazu zählt neben den Modulationsverfahren, Multiplexverfahren und Frequenzspreizverfahren auch die Erläuterung des ISO/OSI-Referenzmodells als Grundlage für die darauf aufbauenden Datennetzwerke. Anschließend werden die speziellen drahtlosen Übertragungsstandards Bluetooth, Wireless LAN und ZigBee vorgestellt und miteinander verglichen.

2.1 Allgemeine Nachrichtentechnik

Die Nachrichtentechnik befasst sich mit der Wissenschaft zur Übertragung von Informationen. Diese Übertragung ist nach [30] in eine logische Gliederung unterteilt, welche in Abbildung 2.1 als grundlegendes Kommunikationsmodell in Form einer Punkt-zu-Punkt-Verbindung zwischen der Informationsquelle und der Informationssenke zusammengefasst ist. Die Informationsquelle stellt dabei die zu übermittelnden Nachrichten zur Verfügung, welche innerhalb des Senders zu übertragungsfähigen Signalen aufbereitet werden. Die im Sender aufbereiteten Signale werden anschließend über den Informationskanal dem Empfänger zugeführt, welcher die aufbereiteten bzw. wiederhergestellten

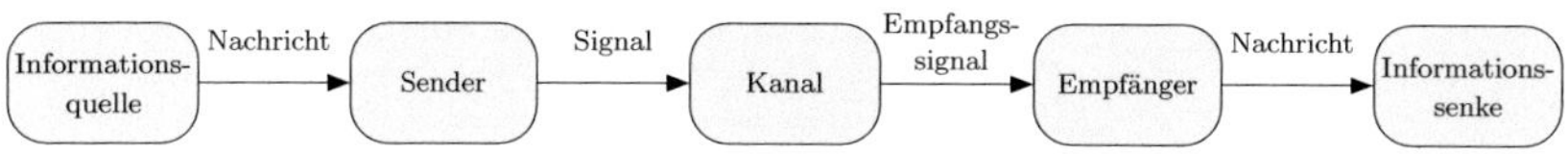

Abbildung 2.1: *Kommunikationsmodell nach Shannon [30]*

Signale als Nachricht der Informationssenke zuführt. Physikalische Effekte, wie beispielsweise Rauscheinflüsse oder Verzerrungen während der Übertragung, beeinflussen innerhalb des Kanals die aufbereiteten Signale und erschweren die korrekte Rekonstruktion der gesendeten Signale im Empfänger. Die mathematische Beschreibung dieses Kommunikationsmodells liefert die Systemtheorie [31].

Das beschriebene Modell ist auf jegliche Arten der Nachrichtenübertragung anwendbar und kann sowohl die menschliche Sprache als auch die moderne kabelgebundene sowie die kabellose Datenkommunikation beschreiben. Die drahtgebundene sowie die drahtlose Datenkommunikation stellen jedoch die größten Herausforderungen an die heutige Nachrichtentechnik und sind die Hauptthemengebiete der modernen Nachrichtenübertragung.

2.2 Digitale Nachrichtenübertragung

Im Gegensatz zur analogen Nachrichtenübertragung zeichnet sich die digitale Nachrichtenübertragung durch eine effektivere Nutzung des Frequenzspektrums aus und ermöglicht es, höhere Übertragungsraten bei gleichbleibender Frequenzbeanspruchung zu erzielen. Damit verknüpft ist der Begriff der *„Digitalen Dividende“* [32], welche das Freiwerden von Frequenzen aufgrund des Wechsels von analoger auf digitale Technologien beschreibt. Beim Wechsel des analogen terrestrischen Fernsehens im UHF[3]-Band (470 bis 862 MHz) auf das digitale terrestrische Fernsehen (DVB-T) konnten daher 85 % der benötigten Bandbreite eingespart und für andere Funkdienste (besonders für den UMTS-Nachfolger LTE[4]) zur Verfügung gestellt werden. Darüber hinaus bieten digitale Übertragungssysteme bessere Möglichkeiten der Fehlerkorrektur durch die Nutzung digitaler Kanalcodierungsverfahren (z.B. linearer Codes oder Faltungscodes) und erhöhen dadurch die Übertragungssicherheit. Jedoch stehen dem die Nachteile durch eine Komplexitätssteigerung der gesamten Datenübertragung (z.B. Synchronisation und Fehlererkennung im Empfänger) gegenüber.

Das grundlegende Prinzip der digitalen Datenübertragung ist in Abbildung 2.2 als unidirektionale Übertragung dargestellt. Die Informationsübertragung ist über mehrere Unterblöcke realisiert und analog Abbildung 2.1 in Sender, Empfänger und Übertragungskanal getrennt. Der Sender untergliedert sich bei der digitalen Nachrichtenübertragung

[3]UHF - *Ultra High Frequency*
[4]LTE - *Long Term Evolution*

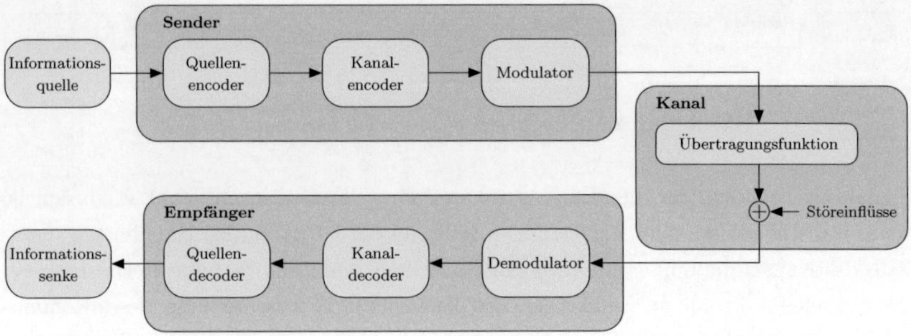

Abbildung 2.2: *Grundlegendes Blockschaltbild einer digitalen Datenübertragung*

weiterhin in die Unterblöcke Quellenencoder (Reduzierung der Redundanz der zu sendenden Informationen), Kanalencoder (Aufbereitung der Informationen zur fehlerreduzierten Übertragung) und Modulator (Modulierung der zu sendenden Daten in ein analoges Signal zur Übertragung über den Kanal).

Während der Übertragung der modulierten Informationen über den Kanal werden die Informationen physikalisch beeinflusst. Dies wird im vorgestellten Modell durch die im Kanal angegebene Übertragungsfunktion und die additiv überlagerten Störeinflüsse ausgedrückt. Die Übertragungsfunktion beschreibt dabei eine beliebige lineare Änderung (Amplitudenänderung, Phasenänderung oder Mehrwegeausbreitung) der modulierten Daten. Obwohl auch nichtlineare Beeinflussungen (Übersteuerungs- bzw. Sättigungseffekte) möglich sind, wird ohne Beschränkung der Allgemeinheit bei der Beeinflussung der Signale im Kanal von linearen Effekten ausgegangen [33]. Weitere Störeinflüsse (Rauschen, Einfluss anderer konkurrierender Übertragungssysteme oder auch andere Störquellen) werden additiv dem beeinflussten Sendesignal überlagert bevor es dem Empfänger zugeführt wird. Diese Überlagerung wird durch den Signal-zu-Rauschabstand (SNR) bzw. den Signal-zu-Interferenzabstand (SIR) beschrieben.

Der Empfänger sorgt für die Wiederherstellung der Informationen für die Informationssenke und beinhaltet die schematischen Unterblöcke Demodulator (Demodulation und Synchronisation der durch den Kanal veränderten Daten), Kanaldecoder (Rekonstruktion der durch den Kanal gestörten Daten unter Ausnutzung der im Kanalencoder hinzugefügten Informationen) und dem Quellendecoder (Rekonstruktion der Informationen).

2.2.1 Digitale Modulationsverfahren

Digitale Modulationsverfahren beschreiben die Abbildung des binären Datenstromes auf modulierte analoge Signale zur Übertragung in einem physikalischen Medium, wobei diese sowohl durch lineare als auch nichtlineare Verfahren abgebildet werden können. Je nach Wertigkeit der Modulation beeinflusst die digitale Modulation die Geschwindigkeit einer Datenübertragung, da je Modulationssymbol durch Erhöhung der Wertigkeit eine größere Anzahl an Informationen zur Verfügung steht.

Als Beispiel eines linearen Modulationsverfahrens sei die weitverbreitete Quadraturamplitudenmodulation (QAM) oder die Phasenmodulation (PSK) genannt, welche in Form von komplexen Konstellationsdiagrammen mit einer Inphasenkomponente (I) und einer Quadraturkomponente (Q) dargestellt werden (vgl. Abbildung 2.3). Für nichtlineare Modulationsverfahren sind beispielsweise die Frequenzumtastung (FSK) oder die Gauß'sche Frequenzumtastung (GFSK) zu nennen. Weitere Beispiele können [33] entnommen werden.

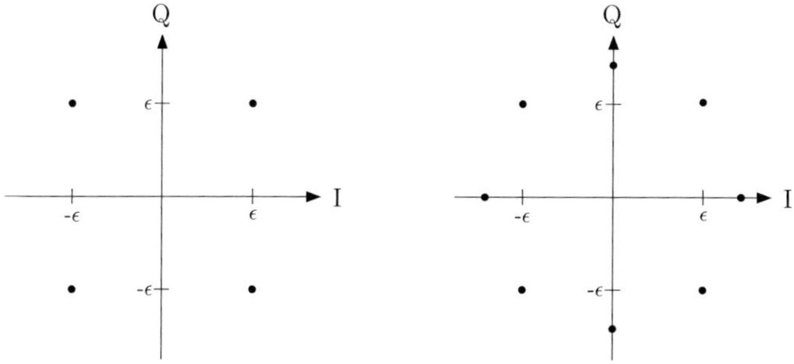

(a) Konstellationsdiagramm einer 4-QAM

(b) Konstellationsdiagramm einer 8-PSK

Abbildung 2.3: *Beispiele für Konstellationsdiagramme von linearen digitalen Modulationsverfahren [33] (ϵ beschreibt den jeweiligen Achsenabstand)*

2.2.2 Multiplexverfahren

Multiplexverfahren dienen zur Bündelung verschiedener Informationsquellen zu einer parallelen Informationsübertragung. Sie finden sowohl bei der drahtlosen als auch der drahtgebundenen Informationsübertragung Anwendung und beruhen auf den nachfolgenden vier Verfahren, die sowohl einzeln als auch in Kombination benutzt werden können:

- **Raummultiplex** (*Space Division Multiple Access*, SDMA): Übertragung von Informationen über räumlich abgegrenzte Übertragungswege.
  Beispiel: Bildung von geographisch begrenzten Funkzellen beim Mobilfunkstandard GSM und UMTS.

- **Frequenzmultiplex** (*Frequency Division Multiple Access*, FDMA): Übertragung von Informationen innerhalb eines Frequenzbandes über mehrere Subfrequenzen. *Beispiel:* Trennung des Up- und Downlinks auf unterschiedliche Frequenzen bei GSM oder auch die Übertragung mittels OFDM bei ADSL[5] und Wireless LAN.
- **Zeitmultiplex** (*Time Division Multiple Access*, TDMA): Übertragung von Informationen in fest definierten Zeitabschnitten. *Beispiel:* Trennung der Übertragung in acht definierte Zeitschlitze bei GSM.
- **Codemultiplex** (*Code Division Multiple Access*, CDMA): Übertragung von Informationen mit unterschiedlicher Codierung. *Beispiel:* Trennung durch verschiedene orthogonale Sendesymbolfolgen bei UMTS.

2.2.2.1 OFDM - Orthogonal Frequency Division Multiple Access

Auf dem Multiplexverfahren FDMA basiert das Multiplexverfahren OFDM, welches eine parallele Datenübertragung im Frequenzbereich über zueinander orthogonale Subfrequenzen ermöglicht, die sich durch ihre spektralen Eigenschaften nicht gegenseitig beeinflussen. In Abbildung 2.4 ist dies als Amplitudendichtespektrum einer OFDM-Übertragung mit acht Subträgern dargestellt. Die technische Realisierung erfolgt mit Hilfe einer inversen Fouriertransformation (IFFT) im Sender und einer Fouriertransformation (FFT) im Empfänger. Beispiele dieses Multiplexverfahrens finden sich bei drahtgebundenen Systemen innerhalb des ADSL-Standards oder bei drahtlosen Systemen durch den Übertragungsstandard Wireless LAN nach IEEE 802.11g.

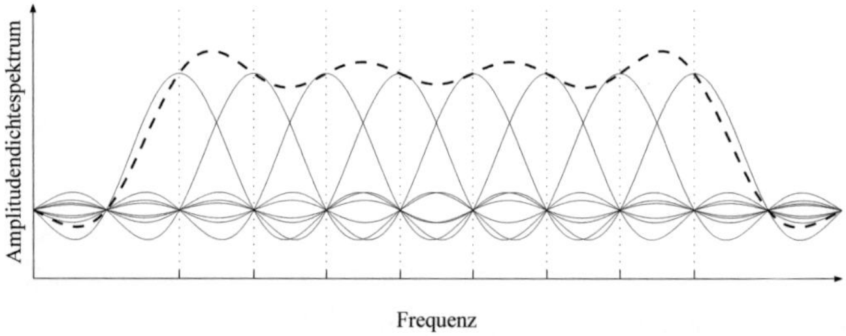

Abbildung 2.4: *Amplitudendichtespektrum einer OFDM-Übertragung mit acht Subträgern. Die Einhüllende (gestrichelte Linie) aller Subträgerspektren (durchgängige Linien) zeigt an den Mittenfrequenzen der einzelnen Subträger keinen Einfluss der anderen Subträger. Dieses wird durch zueinander orthogonale Subträger realisiert, die an den jeweiligen anderen Mittenfrequenzen Nullstellen im Amplitudendichtespektrum aufweisen.*

[5] ADSL - *Asymmetric Digital Subscriber Line*

Diese Technik erlaubt es, schmalbandige Einflüsse im Kanal (z.B. schmalbandige Störquellen oder schmalbandige Dämpfung innerhalb des Kanals durch Fadingeffekte) auszublenden, indem beeinflusste Subträger für die Übertragung nicht weiter genutzt werden. Auch die Mehrwegeausbreitung und die damit verbundenen Intersymbolinterferenzen werden durch die Benutzung dieser Technik reduziert.

2.2.3 Frequenzspreizverfahren

Frequenzspreizverfahren werden eingesetzt, um zum einen eine robustere Übertragungen gegenüber meist schmalbandigen Störeinflüssen im Kanal zu gewährleisten und zum anderen die Energie eines Übertragungssignals auf einen breiteren Frequenzbereich zu verteilen, um Störungen auf andere Systeme zu reduzieren. Hierzu werden Verfahren eingesetzt, welche eine gleichmäßige Ausnutzung des zur Verfügung stehenden Frequenzbereichs ermöglichen. Es wird zwischen drei Verfahren unterschieden:

- Das **Direktspreizverfahren** (*Direct Sequence Spread Spectrum*, DSSS) setzt auf eine Verknüpfung der zu sendenden Symbole mit einer höher abgetasteten Symbolfolge, wodurch die gesendeten Symbole durch geeignete Korrelationstechniken im Empfänger vereinfacht rekonstruiert werden können. Beim Direktspreizverfahren werden dazu Symbolfolgen verwendet, die sehr gute Korrelationseigenschaften besitzen (z.B. orthogonale Folgen [34]). Eine Erweiterung dieser Technik findet sich in dem Verfahren des *Complementary Code Keyings* (CCK), wobei in den verwendeten Spreizcodes zusätzlich Informationen der zu sendenden Daten enthalten sind und dadurch die Nutzdatenrate erhöht wird.

- Beim **Frequenzsprungverfahren** (*Frequency Hopping Spread Spectrum*, FHSS) werden die Übertragungsfrequenzen innerhalb des zur Verfügung stehenden Frequenzbandes in einer zufälligen Reihenfolge gewechselt. In Abbildung 2.5 ist dieses Verhalten schematisch dargestellt. Als Erweiterung dieses Verfahrens wird das adaptive Frequenzsprungverfahren (*Adaptive Frequency Hopping Spread Spectrum*, AFHSS) genutzt, bei dem beeinflusste Frequenzen erkannt und aus dem Frequenzsprungverfahren ausgelassen werden.

- Für das **Zeitsprungverfahren** (*Time Hopping Spread Spectrum*, THSS) werden einzelne Datenpakete unterschiedlicher Übertragungssysteme in unterschiedlichen Zeitschlitzen übertragen, so dass eine Beeinflussung minimiert wird. Dieses Verfahren findet jedoch nur selten Einsatz.

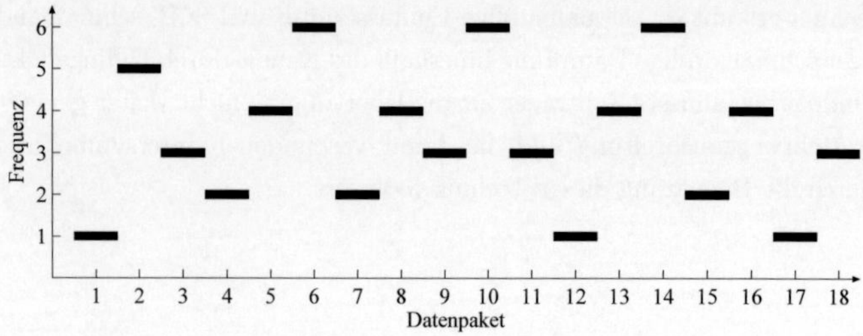

Abbildung 2.5: *Schematische Darstellung des Frequenzsprungverfahrens FHSS, wobei jedes neue Datenpaket auf einer anderen Frequenz übertragen wird [35]*

2.2.4 ISO/OSI-Referenzmodell

Die grundlegenden Regeln für den Aufbau von Datennetzwerken beruhen auf dem von der ISO[6] im Jahr 1983 standardisierten ISO/OSI[7]-Referenzmodell [36]. Abbildung 2.6 zeigt den generellen Aufbau des ISO/OSI-Referenzmodells, welches in sieben abstrakte Schichten untergliedert ist und die Datenübertragung von einer Anwendung im Sender bis zu einer Anwendung im Empfänger über einzelne Protokollschichten abwickelt (Anwendungsschicht). Das Referenzmodell beschreibt in den Schichten zwei bis sieben die Eigenschaften der Software zur Sicherstellung einer Verbindung zwischen Sender und Empfänger und beinhaltet in der ersten Schicht die Übertragung der einzelnen physikalischen Daten (Bitübertragungsschicht / Physical Layer) im Übertragungsmedium. Die Bitübertragungsschicht beinhaltet dazu die Kanalcodierung und die Modulationstechniken aus den Abschnitten 2.2.1 bis 2.2.3.

Bei kommerziellen drahtlosen Übertragungssystemen ist der Zugriff für den Nutzer auf die obersten Schichten beschränkt. Die Integration der Hardware erfolgt bei PCs über Treiber, welche eine Schnittstelle der Betriebssysteme zur Hardware darstellen und in der Regel nicht einsehbar sind. Auch der direkte Zugriff auf die Hardware ist durch die kompakte Bauweise (*Single-Chip-Design*) der drahtlosen Übertragungssysteme nur selten möglich. Dieses erschwert die Betrachtung von Auswirkungen auf der Signalverarbeitungsebene, die auch als Primäreinflüsse beschrieben werden. Mit Hilfe von IP[8]-Netzwerken können jedoch Sekundäreinflüsse auf eine Übertragung analysiert werden. Das IP-Netzwerk repräsentiert die Vermittlungsschicht des OSI/ISO-Referenzmodells und ermöglicht einen Datenverkehr zwischen den Netzwerkteilnehmern über eine feste Adressierung. Die darauf aufbauende Transportschicht wird dabei über die Protokolle TCP und UDP realisiert, die einen direkten Zugriff für den Benutzer ermöglichen. Unter

[6]ISO - *International Standard Organization*

[7]OSI - *Open System Interconnection*

[8]IP - *Internet Protocol*

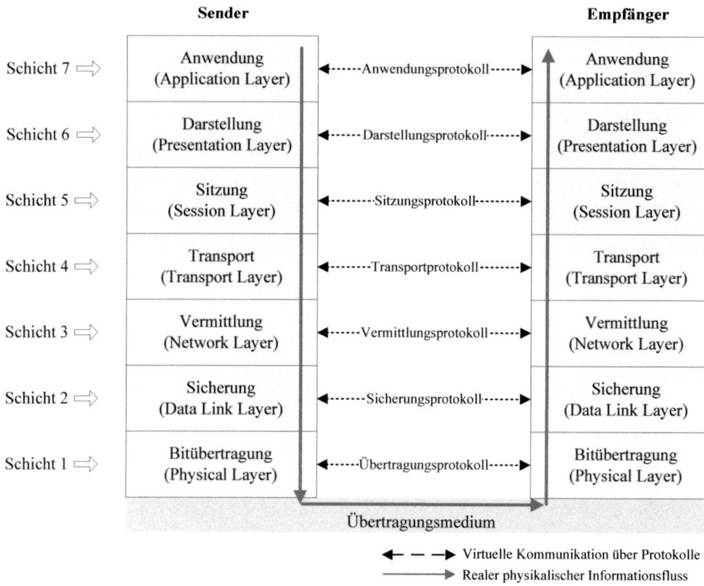

Abbildung 2.6: *ISO/OSI-Referenzmodell analog zu [36]*

Ausnutzung des IP-Netzwerks werden in den späteren Kapiteln diese Sekundäreinflüsse auf die drahtlose Übertragung genutzt, um eine Aussage über die Beeinflussbarkeit einer drahtlosen Übertragungsstrecke zu erhalten.

2.2.4.1 TCP - Transmission Control Protocol

Das TCP (Übertragungssteuerungsprotokoll) ist ein verbindungsorientiertes, paketvermittelndes und zuverlässiges Transportprotokoll, welches jede gesendete Information bzw. jedes gesendete Datenpaket durch den Empfänger bestätigt und damit eine fehlerfreie Übertragung sicherstellt. Durch die Bestätigung im Empfänger besitzt das TCP den Nachteil, dass es zu Verzögerungen bei der Übertragung kommen kann. Das TCP wird in Datennetzwerken häufig für die Übertragung von Informationsdaten wie Webseiten, Dateien und Mails verwendet. Mit Hilfe des TCP lassen sich sehr leicht vergleichende Aussagen über den maximal möglichen Datendurchsatz einer Netzwerkverbindung treffen.

2.2.4.2 UDP - User Datagram Protocol

Im Gegensatz zum TCP ist das UDP ein verbindungsloses, nicht-zuverlässiges Protokoll, welches keine Bestätigung der empfangenen Informationen vom Empfänger erhält. Es wird in Datennetzwerken für die Verbreitung von Informationsdaten benutzt, die geringe Latenzzeiten aufweisen müssen. Dazu zählt neben der Sprachübertragung auch die Übertragung von Internetfernsehen. Es eignet sich für die Untersuchung auftretender Paketverluste von einer realisierten Netzwerkverbindung mit einer vorgegebenen festen Datenrate.

2.3 Übertragungsstandards im 2,4-GHz-ISM-Frequenzband

Das in Tabelle 2.1 vorgestellte ISM-Frequenzband bei 2,4 GHz besitzt einen besonderen Stellenwert in der drahtlosen Übertragungstechnik, da es weltweit lizenzfrei genutzt werden kann. Aus technisch einfachen Kommunikationssystemen haben sich daher inzwischen sehr komplexe drahtlose Übertragungssysteme für dieses Frequenzband entwickelt, die durch Konsortien vieler namhafter Industriepartner stetig weiter vorangetrieben werden. Neben einer Vielzahl von proprietären Standards haben sich dadurch die drahtlosen standardisierten Verfahren Bluetooth und Wireless LAN zu den Hauptrepräsentanten im 2,4-GHz-ISM-Frequenzband weiterentwickelt. Darüber hinaus hat sich auch der drahtlose Übertragungsstandard ZigBee etabliert, welcher speziell für großmaschige und stromsparende Sensornetzwerke entwickelt worden ist. Technologien wie nanoNET, HomeRF, Wireless USB oder das in Amerika und Asien genutzte DCT[9] als Analogie zum europäischen DECT[10]-Standard bilden weitere Standards, welche jedoch im zentraleuropäischen Raum eher unbekannt sind und sich auch weltweit bisher nicht durchsetzen konnten.

Die drahtlosen Übertragungsstandards Wireless LAN, Bluetooth und ZigBee basieren inzwischen auf Spezifikationen des IEEE[11], die die ersten beiden Schichten des ISO/OSI-Referenzmodells aus Abbildung 2.6 definieren und damit gewährleisten, dass diese Übertragungsstandards leicht in bestehende Datennetzwerke integriert werden können. Diese drei Übertragungsstandards werden nachfolgend genauer erläutert, wobei neben der geschichtlichen Entwicklung typische Eigenschaften der unterschiedlichen Standards wie die physikalische Realisierung der Datenübertragung (Physical Layer) sowie der möglichen Netzwerktopologien erläutert werden.

[9]DCT - *Digital Cordless Telephone*
[10]DECT - *Digital Enhanced Cordless Telecommunications*
[11]IEEE - *Institute of Electrical and Electronics Engineers*

2.3.1 Regionale Anforderungen

Trotz weltweiter Standardisierung von drahtlosen Übertragungssystemen im 2,4-GHz-ISM-Frequenzband gibt es regionale Besonderheiten in den Anforderungen an diese Übertragungssysteme. Einen Überblick über die Anforderungen an drahtlose Übertragungssysteme im 2,4-GHz-ISM-Frequenzband in den Regionen Europa, Nordamerika und Japan gibt dazu Tabelle 2.2.

Tabelle 2.2: *Anforderungen an drahtlose Übertragungssysteme im 2,4-GHz-ISM-Frequenzband in den Regionen Europa, Nordamerika und Japan [37, 38, 39, 40]*

<table>
<tr><th></th><th>EUROPA</th><th>NORDAMERIKA</th><th>JAPAN</th></tr>
<tr><td>zugeteilte Frequenzen</td><td colspan="3">2400-2483,5 MHz</td></tr>
<tr><td>Bandbreiten-
begrenzung</td><td colspan="2">83,5 MHz</td><td>FHSS: 83,5 MHz
DSSS: 26 MHz
OFDM: 38 MHz
andere: 26 MHz</td></tr>
<tr><td>Sendeleistungs-
begrenzung</td><td>100 mW EIRP[5]</td><td>FHSS: 125 mW (21 dBm[1])
sonst: 1000 mW (30 dBm[1])</td><td>FHSS[2]: 3 mW/MHz
DSSS[2]: 10 mW/MHz
OFDM[2,3]: 10 mW/MHz
OFDM[2,4]: 5 mW/MHz
andere Verfahren: 10 mW</td></tr>
</table>

[1] Wenn der Antennengewinn größer als 6 dBi ist, ist die Sendeleistung um 3 dB pro dB Antennengewinn zu reduzieren

[2] Innerhalb des Frequenzbereiches von 2427 bis 2470,75 MHz, sonst 10 mW

[3] Bandbreite kleiner 26 MHz

[4] Bandbreite größer 26 MHz

[5] EIRP - *Equivalent Isotropic Radiated Power*

Durch die unterschiedlichen regionalen Standardisierungsgremien für Telekommunikationssysteme wird zwischen den Anforderungen an die jeweils verwendeten Frequenzspreizverfahren (FHSS und DSSS) sowie an das Multiplexverfahren OFDM unterschieden und deren Anforderungen bezüglich der Bandbreitenbegrenzung sowie der Sendeleistung unterschiedlich spezifiziert. Für den europäischen Raum sind die Anforderungen durch die ETSI[12] in den Standards EN 300 328 [37] und ES 202 131 [38] vorgegeben. Die Bedingungen im nordamerikanischen Raum werden von der FCC[13] in §15.247 der FCC *„Rules and Regulations Part 15“* [39] beschrieben. Die TELEC[14] beschreibt die japanischen Anforderungen innerhalb des TELEC-Standards 19.2 [40].

[12] ETSI - *European Telecommunications Standards Institute*

[13] FCC - *Federal Communications Commission*

[14] TELEC - *Telecom Engineering Center Foundation Japan*

2.3.2 Wireless LAN

Der als Wireless LAN bezeichnete IEEE-802.11-Standard [41] ist erstmals vom IEEE im Jahr 1997 als drahtlose Ethernet-Variante verabschiedet worden. Seit 1997 sind eine Reihe von Erweiterungen und Modifizierungen des IEEE-802.11-Standards intergriert worden, die in erster Linie darauf abzielen, durch Integration neuer technischer Lösungen von digitalen Übertragungstechniken, die Datenrate des ursprünglichen Standards zu erhöhen und somit dem immer größer werdenden Datenaufkommen gerecht zu werden. Im Zuge der ständigen Erweiterungen hat sich eine Vielzahl von Industrieunternehmen zur WiFi-Alliance zusammengeschlossen, um zukünftige Technologien gemeinsam zu entwickeln, zu standardisieren und drahtlose Übertragungssysteme zu zertifizieren. Die Zertifizierung dient dabei zur Erklärung und Garantie gegenüber einem Käufer der weltweiten Kompatibilität mit den vorhandenen Standards.

Der IEEE-802.11-Standard definiert die unteren zwei Schichten des ISO/OSI-Referenzmodells aus Abschnitt 2.2.4. Während die Sicherungsschicht bei den unterschiedlichen 802.11-Substandards durch das Zugriffsverfahren CSMA/CA[15] identisch ist, unterscheiden sich die Standards in der Beschreibung der Bitübertragungsschicht und den damit verknüpften technischen Möglichkeiten der digitalen Übertragungsverfahren.

2.3.2.1 Sicherungsschicht - Data Link Layer

Der Zugriff auf das Übertragungsmedium wird bei den IEEE-802.11-Standards durch das Kanalzugriffsverfahren CSMA/CA gewährleistet. Das CSMA/CA-Verfahren dient zur Kollisionsvermeidung beim Zugriff auf das gemeinsam genutzte Übertragungsmedium einer drahtlosen Datenübertragung mehrerer Teilnehmer innerhalb eines Netzwerks. Dabei wird das Übertragungsmedium durch die Teilnehmer ständig überwacht und jeder Teilnehmer wartet ab, ob das Übertragungsmedium eine definierte Zeit frei bleibt. Erst nach dieser definierten Zeit versuchen die Teilnehmer nach einem für jeden Teilnehmer zufällig bestimmten Zeitabschnitt, ein Paket zu versenden. Sollte es dennoch zu einer Kollision kommen, so brechen die kollidierenden Teilnehmer ihre Übertragungen ab und der beschriebene Ablauf wiederholt sich.

2.3.2.2 Bitübertragungsschicht - Physical Layer

Der erste grundlegende IEEE-802.11-Standard aus dem Jahre 1997 benutzt das Frequenzspreizverfahren FHSS und unterteilt das 2,4-GHz-ISM-Frequenzband in 79 nichtüberlappende Subkanäle mit einer Bandbreite von jeweils 1 MHz. Mit diesem Standard werden Bruttodatenraten bis zu 2 Mbit/s unter Einsatz verschiedener nichtlinearer

[15]CSMA/CA - *Carrier Sense Multiple Access / Collission Avoidance*

Modulationsverfahren (z.B. GFSK) erreicht. Ergänzend zu dem Frequenzspreizverfahren FHSS (vgl. Abschnitt 2.2.3) ist im grundlegenden IEEE-802.11-Standard auch das Frequenzspreizverfahren DSSS verwendet, das das Frequenzband in 14 überlappende Frequenzbereiche zu je 22 MHz fest einteilt und Datenraten bis zu 2 Mbit/s unter Ausnutzung von linearen Modulationsverfahren erreicht. Zusätzlich ist innerhalb des Grundstandards die Übertragung über Infrarot spezifiziert, welche aber heutzutage nur sehr selten Anwendung findet.

Seit 1997 sind diverse Erweiterungen innerhalb des IEEE-802.11-Standards stetig weiterentwickelt worden. Heutzutage sind am häufigsten die Erweiterungen 802.11a, 802.11b, 802.11g und 802.11h verbreitet. Seit kurzer Zeit wird zudem der Standard 802.11n eingesetzt, welcher es über den Einsatz von MIMO[16]-Techniken ermöglicht, Bruttodatenraten bis zu 600 Mbit/s zu erzielen.

Die erste Erweiterung des 802.11-Standards erfolgte durch den IEEE-802.11b-Substandard, welcher das Direktspreizverfahren DSSS aus dem Grundstandard verwendet und dieses um höherwertige Modulationsarten ergänzt, wodurch Bruttodatenraten von bis zu 5,5 Mbit/s erreicht werden. Durch den zusätzlichen Einsatz von CCK konnte die Bruttodatenrate auf 11 Mbit/s erhöht werden.

Seit dem Jahr 2003 findet der IEEE-802.11g-Substandard Anwendung in Wireless LAN-Netzwerken und kann durch den Einsatz von OFDM und Modulationsverfahren bis zu 64-QAM Bruttodatenraten von 54 Mbit/s erzielen. Dabei wird durch die Verwendung von OFDM die zur Verfügung stehende Bandbreite in 64 OFDM-Subkanäle mit je einer Bandbreite von 312,5 kHz unterteilt.

Tabelle 2.3: *Eigenschaften der physikalischen Datenübertragung von IEEE-802.11-Substandards im 2,4-GHz-Frequenzband*

EIGENSCHAFTEN	IEEE-STANDARD			
	802.11	802.11b	802.11g	802.11n
Frequenzbereich in GHz	2,400 - 2,483			
Anzahl der Kanäle	79 / 14	14	14	14
Bandbreite in MHz	1 / 22	22	22	22
Bandabstand in MHz	1 / 5	5	5	5
Maximale Bruttodatenrate in $\frac{\text{Mbit}}{\text{s}}$	2	11	54	600
Modulationsverfahren	GFSK, DBPSK, DQPSK, QAM			
Frequenzspreizverfahren	FHSS / DSSS	DSSS, CCK	OFDM	MIMO, OFDM
Kanalzugriffsverfahren	CSMA/CA			

Eine Übersicht der innerhalb des 2,4-GHz-ISM-Frequenzbandes verwendeten IEEE-802.11-Substandards sowie die wesentlichen Eigenschaften fasst Tabelle 2.3 zusammen.

[16]MIMO - *Multiple Input Multiple Output* (Mehrantennensysteme)

Mit einer im europäischen Raum zugelassenen Sendeleistung von 100 mW (EIRP) beträgt die Reichweite von Wireless LAN innerhalb von Gebäuden zwischen 30 und 50 m und außerhalb bis zu 300 m [42].

2.3.2.3 Netzwerktopologien

Die grundlegende Einheit eines IEEE-802.11-Netzwerkes wird als *Basis Service Set* (BSS) bezeichnet, die über einen *Service Set Identifier* (SSID) eindeutig gekennzeichnet werden. Diese BSS beschreibt ein räumlich definiertes Netzwerk zum gegenseitigen Austausch von Daten. Die typischen Netzwerktopologien werden über zwei Varianten ermöglicht und sind schematisch in Abbildung 2.7 als Ad-Hoc-Netzwerk und als Infrastrukturnetzwerk dargestellt. Das Ad-Hoc-Netzwerk bildet ein *Independent BSS*, das ortsunabhängig zwischen zwei Endgeräten aufgebaut werden kann. Das Infrastrukturnetzwerk ist in der Regel ortsgebunden und setzt eine Basisstation (z.B. „*Access-Point*“) voraus. Mit Hilfe der Basisstation ist es möglich, innerhalb einer BSS bis zu 255 Endgeräte zu adressieren. Durch das Verbinden mehrerer BSS können größere Netzwerke aufgebaut werden, welche als *Extended Service Set* (ESS) zusammengefasst werden [43].

(a) Ad-Hoc-Netzwerk *(b) Infrastruktur-Netzwerk*

Abbildung 2.7: *IEEE-802.11-Netzwerktopologien*

2.3.3 Bluetooth

Ein weiterer Standard zur drahtlosen Datenübertragung im 2,4-GHz-ISM-Frequenzband ist Bluetooth[17] [35, 43, 44, 45]. Die leitende Idee von Bluetooth ist es, eine gemeinsame Lösung für die drahtlose Anbindung von mobilen und feststehenden Geräten über

[17]Der Name Bluetooth ist dem im 10. Jahrhundert in Dänemark lebenden Wikingerkönig Harald Blåtand (übersetzt: Blauzahn) gewidmet, unter dessen Herrschaft eine Vereinigung der skandinavischen Länder erreicht worden ist.

geringe Distanzen als Ersatz für Kabelverbindungen zu entwickeln. Die grundlegenden Anforderungen an diese Technologie war die Entwicklung eines möglichst robusten, wenig komplexen und kostengünstigen drahtlosen Übertragungssystems. Die ursprüngliche Entwicklung fand durch die Firma Ericsson statt und wird heutzutage durch die Bluetooth Special Interest Group (Bluetooth SIG) fortgeführt. Standardisiert ist Bluetooth innerhalb des IEEE-802.15.1-Standards [46] und zählt zu den „*Wireless Personal Area Networks*“ (WPAN).

Die erste Spezifikation Bluetooth 1.0 wurde 1999 veröffentlicht und beinhaltet zum einen die Kernspezifikationen (*Bluetooth Core Specification*) zur Beschreibung der Kommunikation, Protokolle und Technologie und zum anderen die Profilspezifikationen (*Bluetooth Profile Documentation*) zur Beschreibung der zugehörigen Anwendungsszenarien. Die aktuellste Version ist im Dezember 2009 als Kernspezifikation Bluetooth 4.0 [35] verabschiedet worden. Als primäres Einsatzgebiet für die Nutzung von Bluetooth hat sich inzwischen die Anbindung von Peripherie-Geräten (z.B. Drucker, Tastaturen) an PC und Mobiltelefon durchgesetzt. Auch die Anwendung als Ersatz für kabelgebundene serielle Busschnittstellen (z.B. RS-232, RS-422/485, CAN) wird zunehmend häufiger verfolgt.

2.3.3.1 Bitübertragungsschicht - Physical Layer

Bluetooth arbeitet im Frequenzbereich von 2,4 bis 2,4835 GHz, mit einem 2-MHz-Guard-Band am unteren und einem 3,5-MHz-Guard-Band am oberen Ende des Frequenzbereiches. Insgesamt stehen dadurch 79 Frequenzkanäle mit je einer Bandbreite von 1 MHz zur Verfügung. Bluetooth benutzt das Frequenzspreizverfahren FHSS, welches zur zusätzlichen Reduzierung von Interferenzen durch andere drahtlose Datenübertragungssysteme im 2,4-GHz-ISM-Frequenzband ab Version 1.2 durch das adaptive Frequenzspreizverfahren AFHSS ergänzt wird.

Als Basis zur digitalen Modulation des Datenstroms dient das nichtlineare digitale Modulationsverfahren GFSK, wodurch Bruttodatenraten von 1 Mbit/s erzielt werden. Ab der Spezifikation Bluetooth 2.0 (2004) wird die GFSK-Modulation von zwei PSK-Modulationen ($\pi/4$-DPSK und 8-DPSK) unterstützt [47] und erreicht dadurch Bruttodatenraten von 2 bis 3 Mbit/s. Für die Spezifikation Bluetooth 3.0 (2007) sind zur Übertragung sogenannte High-Speed-Kanäle auf Basis des IEEE-802.11-Standards zur weiteren Steigerung der Bruttodatenrate auf bis zu 24 Mbit/s integriert worden [45]. Die Neuerungen innerhalb der Spezifikation Bluetooth 4.0 (2009) beschränken sich auf die Implementation von Stromsparmaßnahmen, so dass Bluetooth 4.0 weniger Energie benötigt als die vorigen Versionen.

Bluetooth definiert drei Leistungsklassen für die maximale Sendeleistung eines Gerätes, welche innerhalb von Tabelle 2.4 mit typischen Reichweiten im Freifeld aufgeführt sind.

Bluetooth-Geräte der Leistungsklasse 1 passen ihre Sendeleistung jedoch über eine adaptive Leistungssteuerung an die jeweiligen Übertragungsbedingungen an, so dass diese nicht permanent mit ihrer maximalen Sendeleistung arbeiten, um auf diese Weise die Wahrscheinlichkeit einer Störung anderer Systeme zu reduzieren.

Tabelle 2.4: *Überblick der Leistungsklassen von Bluetooth*

Leistungsklasse	Max. Sendeleistung	typische Reichweite
Klasse 3	1 mW (0 dBm)	1 m
Klasse 2	2,5 mW (4 dBm)	20 m
Klasse 1	100 mW (20 dBm)	100 m

Der durch das FHSS verknüpfte Frequenzwechsel bei Bluetooth ist mit 1600 Sprüngen pro Sekunde spezifiziert, wodurch sich eine maximale Zeitdauer $\tau_{\text{Bluetooth}}$ eines Datenpaketes von 625 μs ergibt. Bluetooth definiert für die Übertragung der Pakete drei verschiedene Pakettypen mit einer Länge von einem (max. 625 μs), drei (max. 1875 μs) oder fünf Paketen (max. 3125 μs). Durch die Benutzung längerer Pakete bei der Übertragung wird die Nettodatenrate gesteigert, da Paketinformationen im Vergleich zur Einzelpaketübertragung gespart werden können. Veranschaulicht ist dieses Verhalten in Abbildung 2.8, wobei die Übertragungsfrequenz für die Dauer des Paketversendens nicht geändert wird, so dass die Sprungfrequenz beim Frequenzspreizverfahren für größere Paketlängen reduziert wird.

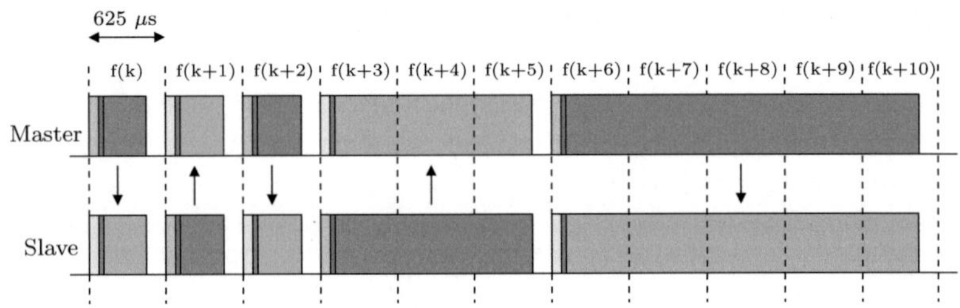

Abbildung 2.8: *Darstellung der verschiedenen Paketlängen bei Bluetooth [35]*

Die Übertragung bei Bluetooth kann entweder in Form von ACL[18]-Übertragungspaketen oder in Form von SCO[19]-Übertragungspaketen erfolgen. Während SCO-Übertragungspakete hauptsächlich für die Übertragung von zeitkritischen Sprachinformationen genutzt werden, finden ACL-Übertragungspakete für alle anderen Informationsübertragungen Verwendung. Zusätzlich sind ACL-Übertragungspakete mit der TCP-Übertragung aus Abschnitt 2.2.4 vergleichbar, wobei dieses Verfahren bei Bluetooth direkt im drahtlosen Standard und nicht in den Schichten des ISO/OSI-Referenzmodells in höheren

[18]ACL - *Asynchronous Connectionless Link*
[19]SCO - *Synchronous Connection Oriented*

Schichten integriert ist. Für die ACL-Übertragung sind in Tabelle 2.5 die unterschiedlichen Übertragungspakettypen und deren verwendete digitale Modulationsverfahren sowie maximale Übertragungsgeschwindigkeiten zusammengefasst. Abschließend gibt Tabelle 2.6 eine Übersicht der physikalischen Parameter vom Übertragungsstandard Bluetooth.

Tabelle 2.5: *Bluetooth ACL-Übertragungspakettypen [35]*

Modulationsverfahren	Übertragungspakettyp	Max. Nutzdatenrate in kb/s	FEC[1]
GFSK	DM1	108,8	2/3
	DH1	172,8	-
	DM3	387,2	2/3
	DH3	585,6	-
	DM5	477,8	2/3
	DH5	723,2	-
$\pi/4$-DQPSK	2-DH1	345,6	-
	2-DH3	1174,4	-
	2-DH5	1448,5	-
8-DPSK	3-DH1	531,2	-
	3-DH3	1766,4	-
	3-DH5	2178,1	-

[1] FEC - *Forward Error Correction*

Tabelle 2.6: *Eigenschaften der physikalischen Datenübertragung von Bluetooth im 2,4-GHz-ISM-Frequenzband*

Eigenschaften	Bluetooth-Spezifikation		
	1.x	2.x	3.x und 4.0
Frequenzbereich in GHz	2,4 - 2,4835		
Anzahl der Kanäle	79		79[1] / 14[2]
Bandbreite in MHz	1		1[1] / 22[2]
maximale Datenrate in $\frac{\text{Mbit}}{\text{s}}$	1	3	3[1] / 24[2]
Modulationsverfahren	GFSK	GFSK / PSK	GFSK[1] / PSK[1,2] / QAM[2]
Frequenzspreizverfahren	FHSS		FHSS[1] / DSSS[2] / CCK[2] / OFDM[2]
Kanalzugriffsverfahren	TDM		TDM[1] / CSMA/CA[2]

[1] bei Benutzung Bluetooth Spezifikationen 1.x und 2.x

[2] bei Benutzung zusätzlicher Spezifikationen des Übertragungsstandards Wireless LAN IEEE 802.11

2.3.3.2 Netzwerktopologien

Bluetooth-Endgeräte können als Master oder als Slave in Erscheinung treten. Die Netzwerktopologie erfolgt nach Abbildung 2.9 in Piconetzen oder in einem Scatternet. Ein Piconetz mit einer Point-to-Point-Verbindung stellt eine direkte Verbindung zwischen zwei Bluetooth-Endgeräten dar. Mit der Point-to-Multipoint-Verbindung kann ein Master gleichzeitig mit maximal sieben anderen Bluetooth-Endgeräten kommunizieren und insgesamt 255 Endgeräte adressieren. Dabei müssen jedoch 247 Endgeräte in einer Parkposition verbleiben, bis diese direkt angesprochen werden können. Die einzelnen Piconetze können innerhalb eines Scatternetzes zusammengeschaltet werden, um dadurch ein größeres Netzwerk aufzuspannen.

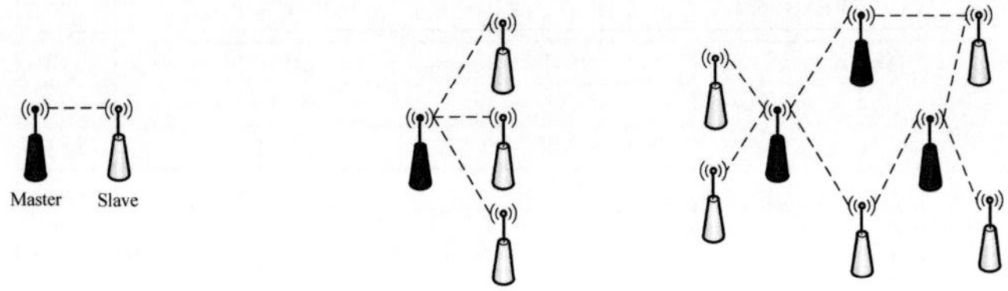

(a) Piconetz: Point-to-Point *(b) Piconetz: Point-to-Multipoint* *(c) Scatternet*

Abbildung 2.9: *Bluetooth Netzwerktopologien [35]*

2.3.4 ZigBee

Den jüngsten drahtlosen Kommunikationsstandard im 2,4-GHz-ISM-Frequenzband stellt ZigBee[20] dar [48]. Dieser Standard ist ein von der 2002 gegründeten ZigBee-Allianz beschriebener Standard und setzt auf dem IEEE-802.15.4-Standard [49] für *Low-Rate Wireless Personal Area Networks* (LR-WPAN) auf. Die grundlegende Idee hinter ZigBee ist eine Technologie, welche speziell für drahtlose Nahbereichsnetzwerke mit einer großen Anzahl an Teilnehmern entwickelt worden ist. Für die Entwicklung von ZigBee ist die Anwendung bei industriellen Sensornetzwerken zur Güterüberwachung, Messdatenerfassung und zur Gebäudeautomation besonders im Fokus gewesen. ZigBee greift auf einfache, kostengünstige Hardware-Lösungen mit geringer Leistungsaufnahme zurück und garantiert somit lange Betriebslaufzeiten [47].

Der IEEE-802.15.4-Standard definiert die Schichten 1 und 2 des ISO/OSI-Referenzmodells, wobei die Sicherungsschicht wie beim Wireless LAN das Verfahren CSMA/CA nutzt. Darauf aufbauend spezifiziert die ZigBee-Allianz innerhalb des Network Layers

[20]Der Name ZigBee ist von dem typischen ZickZack-Tanz der Biene abgeleitet worden, die mit Hilfe ihres wiederholenden Tanzes anderen Bienen den Weg zu einer Nahrungsquelle zeigt.

einen *Application Support Sublayer* (APS) und ein Application Framework, das zusammen mit dem APS eine vergleichbare Schicht wie die Anwendungsschicht (Application Layer) aus dem ISO/OSI-Referenzmodell bildet [50].

2.3.4.1 Bitübertragungsschicht - Physical Layer

Im IEEE-802.15.4-Standard sind als mögliche Frequenzbänder neben dem 2,4-GHz-ISM-Frequenzband zwei weitere lizenzfreie Frequenzbereiche angegeben. In dem für Europa reservierten Bereich um 868 MHz steht ein Sendekanal mit einer BPSK zur Verfügung. Ebenfalls stehen im Frequenzband um 915 MHz zehn Kanäle für eine BPSK-modulierte Übertragung zur Verfügung. Weltweit freigegeben ist das 2,4-GHz-ISM-Frequenzband, in dem 16 Kanäle mit einer O-QPSK zur Auswahl stehen. Tabelle 2.7 fasst die Eigenschaften von ZigBee innerhalb der drei vorgestellten Frequenzbänder zusammen. Innerhalb des Standards findet das Frequenzspreizverfahren DSSS Verwendung. Die maximale Datenrate wird mit 250 kbit/s im 2,4-GHz-ISM-Frequenzband erzielt und ist damit im Vergleich zu Wireless LAN und Bluetooth deutlich kleiner.

Tabelle 2.7: *Eigenschaften der physikalischen Datenübertragung von ZigBee nach dem IEEE-802.15.4-Standard*

Eigenschaften	Frequenzband		
	868 MHz	915 MHz	2,4 GHz
Frequenzbereich in MHz	868 - 868,6 (Europa)	902 - 928 (USA)	2400 - 2483 (weltweit)
Anzahl der Kanäle	1	10	16
Bandbreite in MHz	0,3	0,6	2
Bandabstand in MHz	-	2	5
Maximale Datenrate in $\frac{\text{kbit}}{\text{s}}$	20	40	250
Modulationsverfahren	BPSK	BPSK	O-QPSK
Frequenzspreizverfahren	DSSS		
Kanalzugriffsverfahren	CSMA/CA		

2.3.4.2 Netzwerktopologien

Im Gegensatz zu Wireless LAN und Bluetooth kann ein ZigBee-Netzwerk aus bis zu 65384 Teilnehmern bestehen und ermöglicht dadurch den Aufbau sehr großer Netzwerkstrukturen. ZigBee erlaubt dabei drei unterschiedliche Netzwerktopologien in Form von Stern-, Baum- oder Maschenstrukturen. Diese Topologien sind in Abbildung 2.10 zusammengefasst und bestehen jeweils aus einem Netzwerkkoordinator sowie mehreren Routern und Endgeräten.

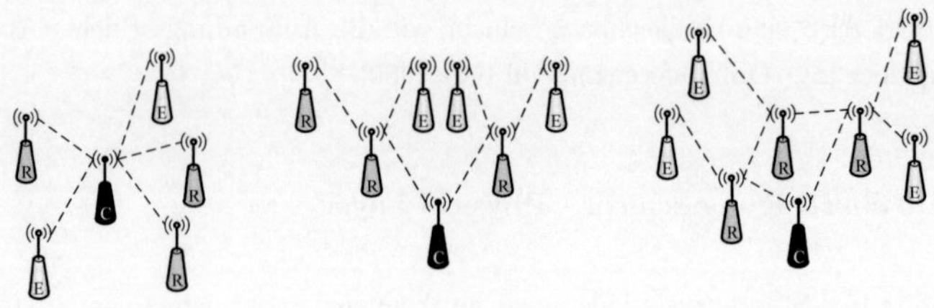

(a) Sternstruktur (b) Baumstruktur (c) Maschenstruktur

Abbildung 2.10: *ZigBee Netzwerktopologien (C: Coordinator, R: Router, E: Endgerät) [50]*

2.3.5 Frequenzübersicht

Die vorgestellten Technologien zur drahtlosen Datenübertragung im 2,4-GHz-ISM-Frequenzband nutzen verschiedene digitale Verfahren zur Übertragung von Daten und müssen je nach Einsatzgebiet durch Abwägung von Geschwindigkeit, Medienzugriff, Netzwerktopologien, Stromverbrauch und Robustheit ausgewählt werden. Abbildung 2.11 fasst die Frequenznutzung der vorgestellten Technologien zusammen.

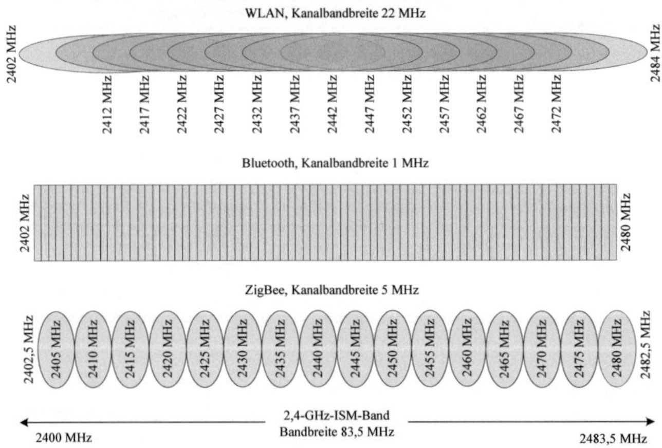

Abbildung 2.11: *Frequenznutzung innerhalb des 2,4-GHz-ISM-Frequenzbandes durch die drahtlosen Technologien Wireless LAN, Bluetooth und ZigBee [51]*

3 Leistungsstarke elektromagnetische Störquellen

Elektromagnetische Störquellen sind die Ursachen für elektromagnetische Beeinflussungen (EMB) elektronischer Systeme [52]. Eine Unterteilung dieser Störquellen erfolgt anhand des jeweiligen Ursprungs, so dass zwischen Quellen natürlichen und künstlichen Ursprungs [53] unterschieden wird. Künstliche Störquellen werden als sogenannte „man-made"-Störungen in funktionale (gewollte) und nicht-funktionale (ungewollte) Störquellen untergliedert. Es ergibt sich die folgende strukturierte Einteilung:

- **natürliche Störquellen**
  z.B. atmosphärische Störung, kosmische Strahlung, Blitzschlag
- **funktionale künstliche Störquellen**
  z.B. Kommunikationssender, Navigationsgerät, Radargerät
- **nicht-funktionale künstliche Störquellen**
  z.B. Leuchtstofflampe, Leiterbahn oder Kabel

Ferner gilt für die künstlichen Störquellen, dass diese eine weitere Untergliederung durch die unterschiedlichen Nutzungsszenarien besitzen und in zivile, militärische und terroristische Störquellen eingeteilt werden.

Die Klassifizierung von elektromagnetischen Störquellen wird über das jeweilige Frequenzspektrum vorgenommen. Hierbei wird zwischen schmalbandigen und breitbandigen Störquellen unterschieden, wobei die Definition für schmalbandig bzw. breitbandig in Bezug auf die Bandbreite von einer beeinflussbaren Störsenke (z.B. Empfänger einer drahtlosen Übertragung) abhängt. Übersteigt das Störspektrum das Empfindlichkeitsspektrum der Störsenke, so wird von einer breitbandigen Störquelle gesprochen, ist das Störspektrum schmaler als das Empfindlichkeitsspektrum, wird diese als schmalbandige Störquelle bezeichnet. Als ein Beispiel für eine typische schmalbandige Störquelle seien periodische Störquellen genannt, für breitbandige Störquellen gelten Rauschquellen oder Transienten als typische Beispiele.

Eine besondere Stellung nehmen leistungsstarke elektromagnetische Störquellen ein, welche unter dem Begriff der *High Power Electromagnetics* (HPEM) zusammengefasst werden. Eine erste Definition leistungsstarker elektromagnetischer Störquellen ist in [54] vorgenommen worden und bietet die Grundlage für die Beschreibung leistungsstarker elektromagnetischer Vorgänge und deren Auswirkungen auf die direkte Umgebung. Zur definierten Abgrenzung von typischen Störquellen der EMV mit elektrischen Feldstärken von 3 bis 10 V/m bzw. elektrischen Spannungen von 3 bis 10 V sind nur solche Störquellen als HPEM-Störquellen zu bezeichnen, die elektrische Feldstärken von mehr als 100 V/m bzw. elektrische Spannungen von mehr als 100 V hervorrufen [55].

Die Klassifikation der unterschiedlichen HPEM-Störquellen erfolgt anhand der spektralen Eigenschaften der verschiedenen Quellen [56]. Abbildung 3.1 gibt dazu einen Überblick der unterschiedlichen klassifizierten HPEM-Störquellen im Frequenzbereich. Dazu zählen neben dem elektromagnetischen Impuls eines Blitzschlags (LEMP[1]) und dem nuklearelektromagnetischen Impuls (NEMP[2]) auch der ultrabreitbandige Impuls (UWB-Impuls[3]) sowie schmalbandige Störquellen, wie die Hochleistungsmikrowelle (HPM[4]) oder das Radar (HIRF[5]).

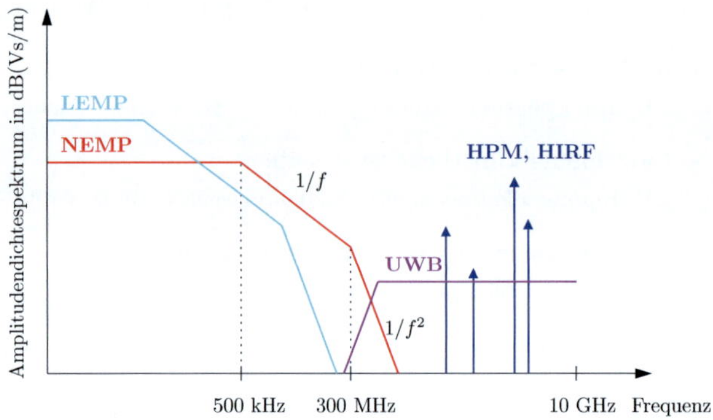

Abbildung 3.1: *Übersicht verschiedener HPEM-Störquellen im Frequenzbereich [55, 56]*

Zur spektralen Definition der HPEM-Störquellen wird das Frequenzverhältnis einer Störquelle mit

$$br = \frac{f_h}{f_l} \,. \tag{3.1}$$

aus dem Verhältnis der oberen Grenzfrequenz f_h sowie der unteren Grenzfrequenz f_l des Störsignalspektrums gebildet [57].

[1]LEMP - *Lightning Electromagnetic Pulse*
[2]NEMP - *Nuclear Electromagnetic Pulse*
[3]UWB - *Ultrawide Band*
[4]HPM - *High Power Microwave*
[5]HIRF - *High Intensity Radiated Fields*

Untere und obere Grenzfrequenz einer Störquelle werden für flache Amplitudendichtespektren normalerweise über das 3-dB-Kriterium bestimmt. Spektren von HPEM-Störquellen können jedoch in der Regel nicht als flach angenommen werden, so dass die Bandgrenzen auf die Weise bestimmt werden, dass zwischen den Bandgrenzen 90 % der im gesamten Spektrum enthaltenen Energie enthalten ist [25].

Mit Hilfe von Gleichung (3.1) ergibt sich die prozentuale Bandbreite *pbw* durch

$$pbw = 2 \cdot \left(\frac{br-1}{br+1}\right) \cdot 100\,\% = 2 \cdot \left(\frac{f_h - f_l}{f_h + f_l}\right) \cdot 100\,\% \,. \tag{3.2}$$

Eine Unterteilung der HPEM-Störquellen erfolgt aufbauend auf Gleichung (3.1) und (3.2) in die vier Kategorien Hypoband (Schmalband), Mesoband, Sub-Hyperband und Hyperband. Die genauen Parameter für das Frequenzverhältnis und die prozentuale Bandbreite sind in Tabelle 3.1 zusammengefasst.

Tabelle 3.1: *Unterteilung von HPEM-Störquellen anhand ihrer prozentualen Bandbreite pbw bzw. des korrespondierenden Frequenzverhältnisses br*

Bandtyp	Prozentuale Bandbreite *pbw*	Frequenzverhältnis *br*
Hypoband	$pbw \leq 1\,\%$	$br \leq 1{,}01$
Mesoband	$1\,\% < pbw \leq 100\,\%$	$1{,}01 < br \leq 3$
Sub-Hyperband	$100\,\% < pbw \leq 163{,}4\,\%$	$3 < br \leq 10$
Hyperband	$163{,}4\,\% < pbw \leq 200\,\%$	$br > 10$

Werden elektromagnetische Impulse periodisch wiederholt, so wird der repetierende elektromagnetische Impuls mit Hilfe der Pulswiederholdauer bzw. Periodendauer T_P weitergehend beschrieben. Die Pulswiederholdauer ist direkt mit der Pulswiederholfrequenz (PWF) $f_{\mathrm{PWF}} = 1/T_P$ verknüpft. Eine schematische Illustration dieses Parameters liefert Abbildung 3.2.

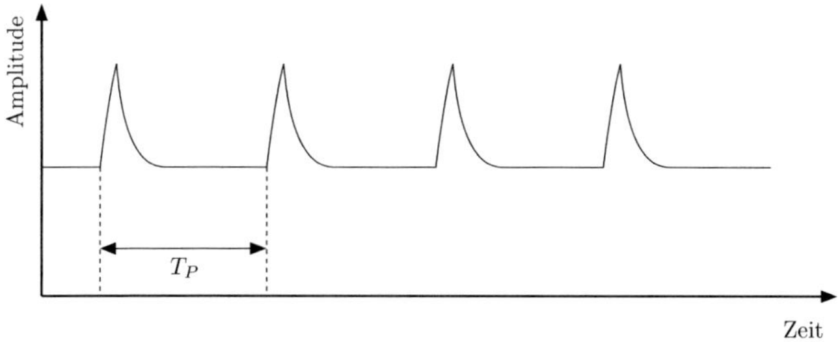

Abbildung 3.2: *Illustration der Pulswiederholdauer T_P anhand eines repetierenden Impulses*

3.1 Transiente elektromagnetische Störquellen

Transiente elektromagnetische Störungen beschreiben elektromagnetische Vorgänge, welche über eine relativ kurze Zeitdauer auftreten und dabei sehr hohe elektrische Spitzenleistungen erreichen können. Dieses kann sowohl in der Form eines elektromagnetischen Feldimpulses (EMP) wie auch durch transiente Störspannungen auf Leitungen der Hoch- und Niederspannungsnetze hervorgerufen werden. Die elektrischen Feldstärken und Spannungen transienter elektromagnetischer Störquellen können dabei Werte bis zu einigen kV/m bzw. kV erreichen. Ein elektromagnetischer Feldimpuls kann durch elektrostatische Entladungen (ESD), durch Blitzentladungen (LEMP) oder durch nukleare Explosionen (NEMP) hervorgerufen werden. Die beschreibenden Parameter von elektromagnetischen Impulsen werden innerhalb des folgenden Abschnittes anhand eines allgemeinen elektromagnetischen Feldimpulses beschrieben.

3.1.1 EMP - Elektromagnetischer Feldimpuls

Zur analytischen Beschreibung elektromagnetischer Feldimpulse im Zeitbereich werden neben unipolaren Impulsformen auch bipolare Impulsformen und gedämpfte Sinusschwingungen verwendet. Zur Untersuchung der Auswirkungen elektromagnetischer Feldimpulse haben sich besonders unipolare doppelt-exponentielle Funktionen [58] für den Zeitbereichsverlauf der elektrischen Feldstärke $E_{\mathrm{EMP}}(t)$ durchgesetzt. Die Definition nach [58] erfolgt durch

$$E_{\mathrm{EMP}}(t) = E_p \cdot k \cdot \left(\exp(-\frac{t}{\beta}) - \exp(-\frac{t}{\alpha})\right) . \tag{3.3}$$

Dabei beschreibt E_p die elektrische Spitzenfeldstärke, α und β Zeitkonstanten und k einen Normalisierungsfaktor, welcher die Gleichung so normalisiert, dass die elektrische Spitzenfeldstärke E_p direkt in die Gleichung integriert werden kann. Der Normalisierungsfaktor k berechnet sich nach [24] durch

$$k = \left[\exp\left(\frac{\alpha \cdot \ln(\frac{\alpha}{\beta})}{\beta - \alpha}\right) - \exp\left(\frac{\beta \cdot \ln(\frac{\alpha}{\beta})}{\beta - \alpha}\right)\right]^{-1} . \tag{3.4}$$

Zur Beschreibung des elektromagnetischen Feldimpulses im Frequenzbereich wird die lineare Fouriertransformation von Gleichung (3.3) genutzt. Das resultierende Amplitudendichtespektrum $E_{\mathrm{EMP}}(f)$ ergibt sich dabei zu

$$E_{\mathrm{EMP}}(f) = E_p \cdot k \cdot \left(\frac{1}{\frac{1}{\beta} + j2\pi f} - \frac{1}{\frac{1}{\alpha} + j2\pi f}\right) . \tag{3.5}$$

Die charakteristischen Eigenschaften elektromagnetischer Feldimpulse werden im Zeitbereich durch die Anstiegszeit t_r und die Pulsdauer t_d abgebildet. Nach [59] beschreibt die Anstiegszeit t_r die Zeit zwischen 10 % und 90 % der ansteigenden Impulsflanke. Die Pulsdauer t_d wird beschrieben als die Zeit zwischen 50 % der Spitzenamplitude bei ansteigender Impulsflanke und 50 % der der Spitzenamplitude bei abfallender Impulsflanke. Diese Zeitdauer wird auch als FWHM[6]-Dauer bezeichnet. Abbildung 3.3 illustriert diese charakteristischen Eigenschaften anhand eines nach Gleichung (3.3) beschriebenen doppelt-exponentiellen Feldimpulses.

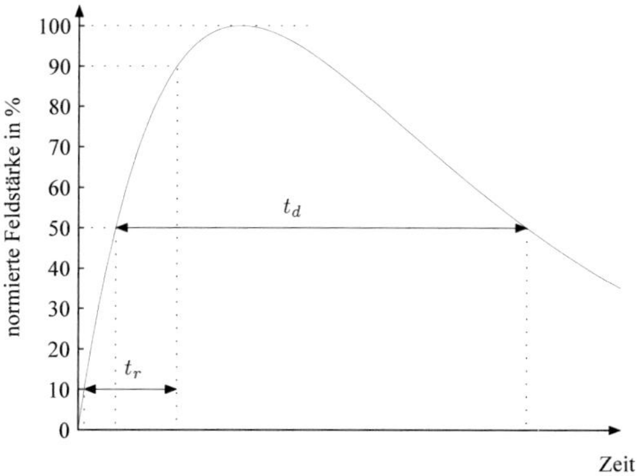

Abbildung 3.3: *Darstellung eines unipolaren elektromagnetischen Feldimpulses mit doppelt-exponentiellem Verlauf nach Gleichung* (3.3)

Der Betrag der Leistungsdichte S_{EMP} eines elektromagnetischen Feldimpulses wird aus dem Kreuzprodukt des elektrischen Feldvektors E_{EMP} und des magnetischen Feldvektors H_{EMP} bestimmt und vereinfacht sich im Fernfeld durch die Voraussetzung einer TEM[7]-Welle mit dem Freiraumwellenwiderstand

$$Z_0 = \frac{|E_{\mathrm{EMP}}|}{|H_{\mathrm{EMP}}|} = \sqrt{\frac{\mu_0}{\epsilon_0}} = 120\pi\ \Omega \tag{3.6}$$

zu

$$|S_{\mathrm{EMP}}| = |E_{\mathrm{EMP}} \times H_{\mathrm{EMP}}| = \frac{|E_{\mathrm{EMP}}|^2}{Z_0}\,. \tag{3.7}$$

[6]FWHM - *Full Width Half Maximum*
[7]TEM - transversale-elektromagnetische

Der Energiefluss W_{EMP} des elektromagnetischen Feldimpulses wird über Ausnutzung des Parseval'schen Theorems sowohl im Zeit- als auch im Frequenzbereich durch

$$W_{\text{EMP}} = \int_{-\infty}^{\infty} \frac{|E_{\text{EMP}}(t)|^2}{Z_0}\, dt = \int_{-\infty}^{\infty} \frac{|E_{\text{EMP}}(f)|^2}{Z_0}\, df \tag{3.8}$$

bestimmt.

Durch Betrachtung des Energieflusses W_{EMP} aus Gleichung (3.8) innerhalb eines bestimmten Frequenzbereiches von f_1 bis f_2 wird der bandbegrenzte Energiefluss $W_{\text{EMP}}(f_1, f_2)$ definiert mit

$$W_{\text{EMP}}(f_1, f_2) = \int_{f_1}^{f_2} \frac{|E_{\text{EMP}}(f)|^2}{Z_0}\, df\,. \tag{3.9}$$

Der bandbegrenzte Energiefluss gibt Auskunft über denjenigen Energiefluss, welcher, z.B. in einem bestimmten Empfindlichkeitsbereich eines elektronischen Systems, zwischen den Bandgrenzen f_1 und f_2 wirken kann.

Zur weiteren Betrachtung wird der kumulierte Wert des Energieflusses $W_{\text{EMP,kum}}(f)$ in % berechnet. Der kumulierte Wert des Energieflusses bezieht sich auf den gesamten Energiefluss aus Gleichung (3.8) und berechnet sich nach [60] durch

$$W_{\text{EMP,kum}}(f) = \frac{\int_{1/(2\pi)\,\text{kHz}}^{f} \frac{|E_{\text{EMP}}(f)|^2}{Z_0} df}{W_{\text{EMP}}} \cdot 100\,\%\,. \tag{3.10}$$

Anhand des kumulierten Wertes des Energieflusses lassen sich Aussagen über charakteristische Frequenzen der einzelnen elektromagnetischen Feldimpulse treffen, an denen der Zusammenhang

$$W_{\text{EMP,kum}}(f_{\text{k,n}\,\%}) = \text{n}\,\%\,. \tag{3.11}$$

gilt.

So sind besonders die kumulierten Werte des Energieflusses $W_{\text{EMP,kum}}(f)$ interessant, bei denen 50 %, 90 % und 99,9 % des Gesamtenergieflusses erreicht werden. Bezeichnet werden diese Frequenzen im Folgenden mit $f_{\text{k,50}\,\%}$, $f_{\text{k,90}\,\%}$ und $f_{\text{k,99,9}\,\%}$.

3.1.2 Vergleich elektromagnetischer Feldimpulse

Für die drei Feldimpulstypen LEMP, NEMP und den UWB-Impuls sind die typischen Anstiegszeiten und Pulsdauern in Tabelle 3.2 zusammengefasst. Der UWB-Feldimpuls besitzt im Vergleich zu den anderen Feldimpulsen die kürzeste Anstiegszeit mit Werten kleiner 200 ps und die kürzeste Pulsdauer mit Werten kleiner 5 ns. Aufgrund dieser kurzen Anstiegszeit und Pulsdauer besitzt die UWB-Störquelle eine größere Bandbreite im Frequenzbereich als die anderen Feldimpulsquellen.

Tabelle 3.2: *Typische Anstiegszeiten und Pulsdauern elektromagnetischer Feldimpulse*

Feldimpulstyp	Anstiegszeit t_r	Pulsdauer t_d
LEMP	1-10 μs	700 μs
NEMP	< 5 ns	300 ns
UWB-Impuls	< 200 ps	< 5 ns

In Abbildung 3.4 sind zum Vergleich elektromagnetischer Feldimpulse beispielhaft drei Feldimpulsquellen (LEMP, NEMP und UWB-Impuls) mit je einer maximalen elektrischen Spitzenfeldstärke von 1 V/m dargestellt. Dabei ist der zeitliche Verlauf in Abbildung 3.4(a), das Amplitudendichtespektrum in Abbildung 3.4(b) und der Verlauf des kumulierten Wertes der Energieflussdichte in Abbildung 3.4(c)) wiedergegeben. Die beschreibenden Parameter α und β der Feldimpulsquellen nach Abschnitt 3.1.1 sind in Tabelle 3.3 enthalten. Zusätzlich sind die resultierenden Feldimpulsparameter für die Anstiegszeit t_r und die Pulsdauer t_d sowie die in Gleichung (3.11) beschriebenen charakteristischen Frequenzen $f_{\mathrm{k},90\,\%}$ und $f_{\mathrm{k},99,9\,\%}$ aufgelistet. Die letzte Spalte der Tabelle fasst den Energiefluss W_{EMP} jeder Feldimpulsquelle nach Gleichung (3.8) zusammen.

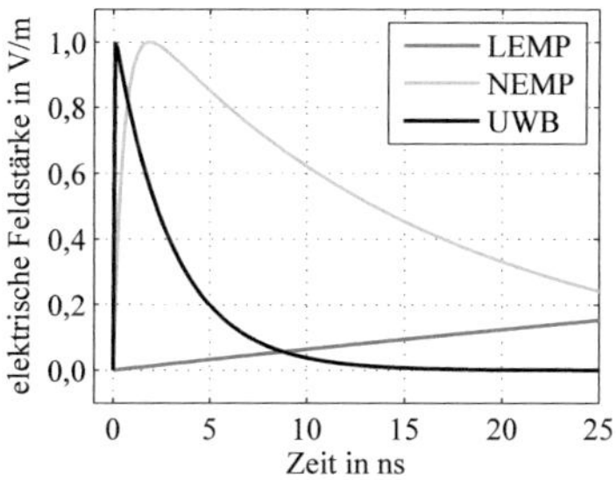

(a) Zeitbereich

Abbildung 3.4: *Vergleich verschiedener elektromagnetischer Feldimpulse (NEMP, LEMP und UWB-Impuls) mit einer elektrischen Spitzenfeldstärke von 1 V/m im Zeit- und Frequenzbereich. Die Parameter der Feldimpulse sind in Tabelle 3.3 zusammengefasst.*

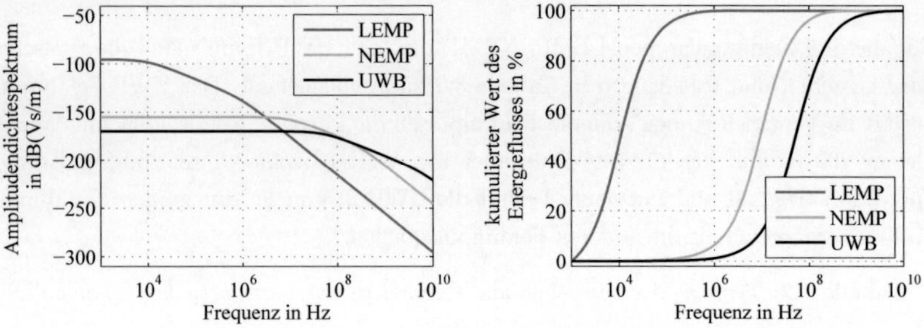

(b) Frequenzbereich

(c) Nach Gleichung (3.10) bestimmter Verlauf des kumulierten Wertes des Energieflusses.

Abbildung 3.4: *Vergleich verschiedener elektromagnetischer Feldimpulse (NEMP, LEMP und UWB-Impuls) mit einer elektrischen Spitzenfeldstärke von 1 V/m im Zeit- und Frequenzbereich. Die Parameter der Feldimpulse sind in Tabelle 3.3 zusammengefasst. (Forts.)*

Tabelle 3.3: *Parameter elektromagnetischer Feldimpulse aus Abbildung 3.4. Die Werte für den Energiefluss W_{EMP} gelten für elektromagnetische Feldimpulse mit einer Spitzenfeldstärke von 1 V/m.*

Feldimpulstyp	α	β	t_r	t_d	$f_{\mathrm{k},90\,\%}$	$f_{\mathrm{k},99{,}9\,\%}$	W_{EMP}
LEMP	$1{,}6 \cdot 10^{-5}$ s	$5{,}3 \cdot 10^{-7}$ s	12 μs	130 μs	50 kHz	552 kHz	$2{,}6 \cdot 10^{-8}\ \frac{\mathrm{J}}{\mathrm{m}^2}$
NEMP	$3{,}2 \cdot 10^{-8}$ s	$8{,}9 \cdot 10^{-9}$ s	9 ns	43 ns	48 MHz	543 MHz	$8{,}5 \cdot 10^{-11}\ \frac{\mathrm{J}}{\mathrm{m}^2}$
UWB-Impuls	$3{,}0 \cdot 10^{-9}$ s	$2{,}5 \cdot 10^{-11}$ s	50 ps	2,2 ns	311 MHz	5,9 GHz	$4{,}2 \cdot 10^{-12}\ \frac{\mathrm{J}}{\mathrm{m}^2}$

Für diese Feldimpulse ist die charakteristische Frequenz $f_{\mathrm{k},90\,\%}$ identisch mit der oberen Grenzfrequenz f_h aus Gleichung (3.1) nach [25, 55]. Tabelle 3.3 zeigt, dass die UWB-Impulsquelle im Vergleich zu den anderen Feldimpulsquellen mit einer elektrischen Spitzenfeldstärke von 1 V/m mit $4{,}2 \cdot 10^{-12}\ \frac{\mathrm{J}}{\mathrm{m}^2}$ den geringsten Energiefluss aufweist. Jedoch besitzt eine UWB-Impulsquelle mit dem gegebenen Verlauf Energieinhalte bei Frequenzen bis zu 5,9 GHz. Dieses korrespondiert mit der sehr schnellen Anstiegszeit des UWB-Impulses im Vergleich zu den anderen dargestellten Feldimpulsformen des NEMP und des LEMP.

3.2 Periodische elektromagnetische Störquellen

Periodische elektromagnetische Störungen sind schmalbandige Störquellen, welche ausschließlich zu den künstlichen Störquellen zählen. Zu diesen Störquellen gehören neben Kommunikationssendern auch Hochfrequenzgeneratoren oder Starkstromleitungen. Kommunikationssender werden weiterhin in sechs Gruppen unterteilt, welche in Abbildung 3.5 zusammengefasst sind.

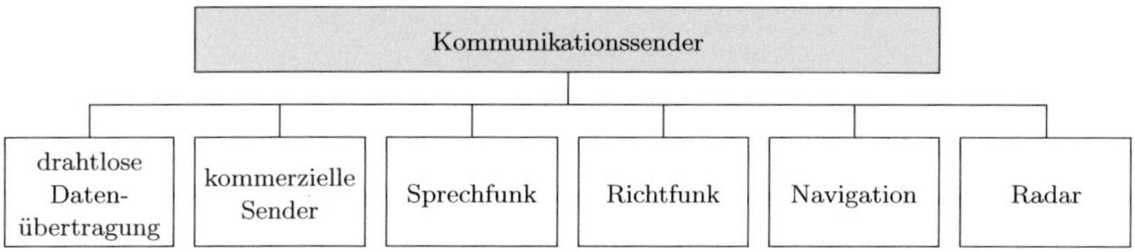

Abbildung 3.5: *Übersicht typischer Kommunikationssender [53]*

Für die Betrachtungen innerhalb dieser Arbeit sind Kommunikationssender mit sehr großen Spitzenleistungen besonders hervorzuheben, welche in Abbildung 3.5 hauptsächlich in der Gruppe der Radare[8] zu finden sind.

Weiterhin zählt auch die Hochleistungsmikrowelle [61] zu den leistungsstarken elektromagnetischen Störquellen. Die verbundenen Auswirkungen auf elektronische Systeme ist Grundlage vieler momentan behandelter Forschungsarbeiten wie beispielsweise [27].

3.2.1 Radar

Die grundlegenden Überlegungen der Radartechnik lieferte Christian Hülsmeyer, der als Pionier der Radartechnik im Jahre 1904 mit Hilfe von elektromagnetischen Wellen ein Schiff auf dem Rhein in 3-km-Entfernung detektieren konnte. Das heutige primäre Haupteinsatzgebiet der Radartechnik ist immer noch die Bestimmung von Entfernungen durch Aussendung elektromagnetischer Wellen im Frequenzbereich von 1 GHz bis zu 100 GHz und trägt, je nach Frequenzbereich, eine Bezeichnung nach dem Standard IEEE 521[9] [62]. Diese Form der Radartechnik wird auch unter dem Begriff Primärradar zusammengefasst.

Das Prinzip der Radartechnik kann sowohl in monostatischer (Sende- und Empfangseinheit sind räumlich an einem Ort) als auch in bistatischer Form (Sende- und Empfangseinheit sind räumlich getrennt) genutzt werden. Je nach Einsatz untergliedert sich

[8] Der Begriff Radar stammt von der englischen Abkürzung RADAR - *Radio Detection and Ranging* (ursprünglich *Radio Aircraft Detection and Ranging*)

[9] Nomenklatur nach dem Standard IEEE 521: L-, S-, C-, X-, Ku-, K-, Ka-, V- oder W-Frequenzband

Radar in diverse Anwendungsbereiche [63, 64] und wird dabei in zivile und militärische Anwendungen aufgeteilt. Mit Hilfe der erweiterten Signalverarbeitung in der Nachrichtentechnik lassen sich zusätzliche Parameter, wie die Geschwindigkeit von Radarzielen, bestimmen, so dass Radar gerade für die zivile Luft- und Schifffahrt von besonderem Interesse geworden ist. Das meist genutzte Radarverfahren ist das Pulsradar und das Dauerstrichradar. Während das Pulsradar zeitlich sehr kurze elektromagnetische Impulse mit sehr hohen Leistungen aussendet, wird beim Dauerstrichradar ein dauerhaftes Signal ausgesendet, welches sich durch einen hohen Energieinhalt auszeichnet.

Die Verknüpfung von Radar mit dem Begriff *High Intensitity Radiated Field* (HIRF) findet hauptsächlich in der Luftfahrt Anwendung, wo HIRF für die allgemeine Beschreibung der Exposition von elektronischen Systemen in Umgebungen hoher elektrischer Feldstärken genutzt wird [65, 66].

3.2.1.1 Die Radargleichung

Die Radargleichung beschreibt den mathematischen Zusammenhang der Empfangsleistung P_r einer mit der Sendeleistung P_t ausgesendeten und durch ein Zielobjekt reflektierten elektromagnetischen Welle. Der allgemeine Zusammenhang wird durch

$$P_r = \frac{P_t \cdot G_t \cdot \sigma}{(4\pi)^2 \cdot R^4} \cdot A_W \tag{3.12}$$

beschrieben [63]. Dabei beschreibt G_t den Sendeantennengewinn, R die Zielentfernung und σ den Rückstreuquerschnitt des Radarzieles. A_W beschreibt die effektive Antennenfläche der Empfangsantenne und beinhaltet den Empfangsantennengewinn G_r. Bei monostatischen Radaren ist in der Regel der Sendeantennengewinn gleich dem Empfangsantennengewinn, da zum Senden und Empfangen die identische Antenne Verwendung findet. Eventuelle zusätzliche Verluste durch Streuung und Dämpfungen sind in Gleichung (3.12) vernachlässigt.

Der Radargleichung (3.12) ist zu entnehmen, dass die Zielentfernung auf die zu detektierende Empfangsleistung einen reziproken Einfluss mit der vierten Potenz aufweist, wodurch sehr hohe Sendeleistungen P_t und sehr hohe Sendeantennengewinne G_t zwingend erforderlich sind. Aus diesem Grund ist gerade in der direkten Umgebung von Radaranlagen eine sehr hohe elektrischen Feldstärke (von einigen 100 V/m) zu erwarten. Diese hohen elektrischen Feldstärken werden am Ende dieses Abschnitts durch eine dargestellte Messung an einer S-Band- und X-Band-Radaranlage bestätigt.

3.2.1.2 Analytische Beschreibung von Radarimpulsen

Das Pulsradar sendet in definierten Zeitabständen T_P einen Radarimpuls mit definierter Pulsdauer τ_P. Die elektrische Feldstärke eines Pulsradars lässt sich im Zeitbereich durch eine Sinusschwingung der Grundfrequenz f_0 mit der elektrischen Spitzenfeldstärke E_p approximieren. Die Sinusschwingung ist dabei über die vorgegebene Pulsdauer τ_P zeitlich beschränkt. Die beschreibende elektrische Feldstärke $E_{\text{Radar}}(t)$ eines Radarimpulses ergibt sich zu

$$E_{\text{Radar}}(t) = \begin{cases} E_p \cdot \sin(2\pi f_o \cdot t) & , \ 0 \leq t \leq \tau_P \\ 0 & , \ \text{sonst} \ . \end{cases} \tag{3.13}$$

Die Beschreibung im Frequenzbereich erfolgt über die lineare Fouriertransformation von Gleichung (3.13). Das resultierende Amplitudendichtespektrum $E_{\text{Radar}}(f)$ berechnet sich durch

$$E_{\text{Radar}}(f) = \frac{1}{2} \cdot E_p \cdot \tau_P \cdot \left| \text{si}\left(\tau_P \pi (f + f_0)\right) - \text{si}\left(\tau_P \pi (f - f_0)\right) \right| \ . \tag{3.14}$$

Abbildung 3.6 fasst den analytischen Zeitbereichs- und Frequenzbereichsverlauf einer Radarquelle mit einer Frequenz von 3050 MHz, einer elektrischen Spitzenfeldstärke von 1 V/m und einer Pulsdauer von 1 μs zusammen. In Abbildung 3.6(a) ist der zeitliche Verlauf und in Abbildung 3.6(b) das resultierende Amplitudendichtespektrum dargestellt.

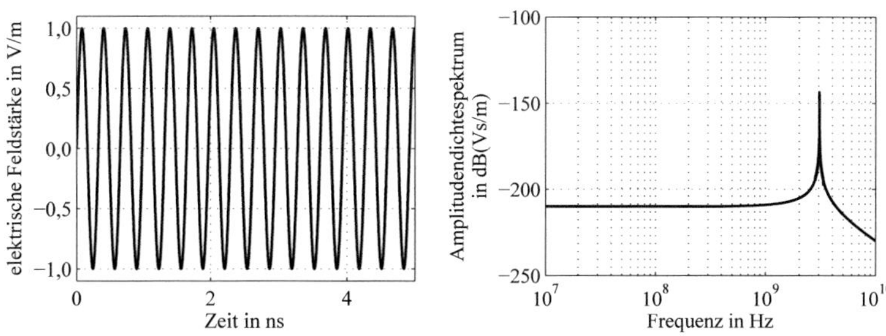

(a) Zeitbereich *(b) Frequenzbereich*

Abbildung 3.6: *Elektrische Feldstärke eines Radarimpulses im Zeit- und Frequenzbereich (Frequenz f_0 = 3050 MHz, Pulsdauer τ_P = 1 μs)*

3.2.1.3 Vermessung einer Radaranlage

Zur Verdeutlichung der durch Radaranlagen auftretenden elektrischen Spitzenfeldstärken sind die Parameter zweier Pulsradaranlagen (S-Band-Radaranlage und X-Band-Radaranlage) in der Tabelle 3.4 zusammengefasst. Mit Spitzenleistungen von bis 30 kW und einem Antennengewinn von 31 dB können dabei in der Antennenhauptkeule elektrische Feldstärken von über 100 V/m bis in Entfernungen von 400 m erreicht werden.

Tabelle 3.4: *Parameter von typischen Pulsradaranlagen in der zivilen Schifffahrt [67]*

PARAMETER	S-BAND-RADAR	X-BAND-RADAR
Frequenz f	3050 MHz	9375 MHz
Wellenlänge λ	10 cm	3 cm
Spitzenleistung P_t	25 kW	30 kW
typischer Antennengewinn G_t	31 dB	28 dB
maximale Pulsdauer $\tau_{p_{\max}}$	1 μs	1 μs
maximale Pulswiederholrate f_{PRF}	2 kHz	2 kHz

Abbildung 3.7 zeigt die frequenzaufgelöste Vermessung der elektrischen Spitzenfeldstärke in der Nähe von einer S-Band-Radaranlage und einer X-Band-Radaranlage nach Tabelle 3.4 auf dem Peildeck eines Kreuzfahrtschiffs. Die Vermessung ist mit Hilfe eines Spektrumanalysators und einer breitbandigen logarithmisch-periodischen Antenne durchgeführt worden. Bei diesen Messungen sind elektrische Spitzenfeldstärken von über 160 dBμV/m bzw. 100 V/m erreicht worden.

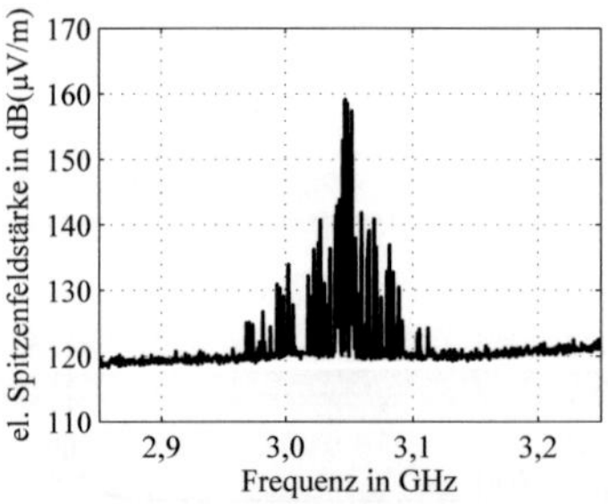

(a) Vermessung der elektrischen Spitzenfeldstärke vor der S-Band-Radaranlage eines Schiffes (Radarfrequenz 3,05 GHz) [10]

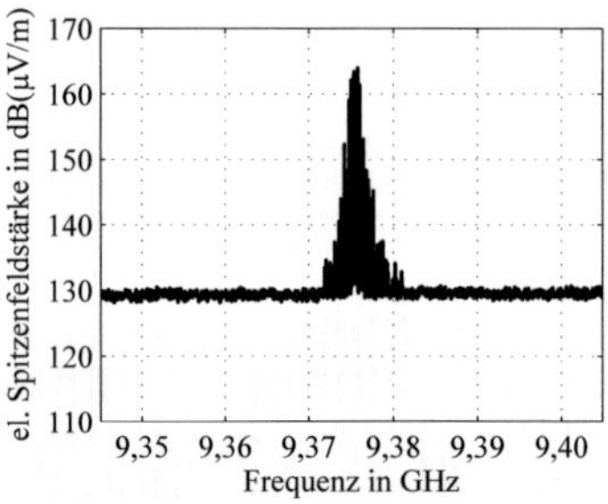

(b) Vermessung der elektrischen Spitzenfeldstärke vor einer X-Band-Radaranlage eines Schiffes (Radarfrequenz 9,375 GHz)

Abbildung 3.7: *Vermessung der elektrischen Spitzenfeldstärke auf Schiffen mit Hilfe eines Spektrumanalysators*

4 Kopplungsmechanismen in drahtlose Übertragungssysteme

Die Basis für die Analyse der Beeinflussbarkeit von drahtlosen digitalen Übertragungssystemen im 2,4-GHz-ISM-Frequenzband durch leistungsstarke elektromagnetische Störquellen ist eine genaue Beschreibung sowie Abschätzung der vorherrschenden Kopplungsmechanismen und Kopplungspfade. Für die Luftfahrt bietet [68] grundlegende Ansätze zur Beschreibung der Interaktionen von elektromagnetischen Feldimpulsen und deren Kopplungsmechanismen und Auswirkungen auf elektronische Systeme.

In diesem Kapitel werden, aufbauend auf den Erkenntnissen aus [68], innerhalb des ersten Abschnittes, in Anlehnung an das grundlegende Beeinflussungsmodell der EMV aus Abbildung 1.1, die wesentlichen physikalischen Kopplungsmechanismen beschrieben und mit den möglichen Auswirkungen leistungsstarker elektromagnetischer Störungen auf drahtlose Übertragungssysteme verknüpft. Anschließend wird im zweiten Abschnitt eine theoretische Abschätzungen der Relevanz von den in Kapitel 3 vorgestellten transienten und periodischen Störquellen auf drahtlose Übertragungssysteme im 2,4-GHz-ISM-Frequenzband genauer diskutiert. Zur Analyse der Kopplung wird daraufhin die verwendete Messumgebung sowie die Störquellennachbildung beschrieben, die als Basis für die im letzten Abschnitt durchgeführten Untersuchungen zur Einkopplung leistungsstarker transienter sowie periodischer Störungen benötigt werden. Die innerhalb dieses Kapitels durchgeführten Untersuchungen bilden die Grundlage für die Beeinflussbarkeitsuntersuchungen der folgenden Kapitel.

4.1 Allgemeine Kopplungsmechanismen

Die charakteristischen Kopplungsmechanismen beschreiben die möglichen physikalischen Kopplungspfade von der Störquelle zur Störsenke und werden durch die folgenden fünf allgemeinen Kopplungsmechanismen zusammengefasst [53]:

- **Galvanische Kopplung**
  z.B. gemeinsam genutzte Stromkreise

- **Kapazitive Kopplung** (Kopplung über elektrische Felder)
  z.B. Streukapazitäten zwischen Störquelle und Störsenke
- **Induktive Kopplung** (Kopplung über magnetische Felder)
  z.B. Gegeninduktivitäten zwischen Störquelle und Störsenke
- **Elektromagnetische Leitungskopplung**
  z.B. Kopplung durch elektrische und magnetische Beeinflussung zwischen Leitungen
- **Strahlungskopplung**
  z.B. Kopplung von elektromagnetischer Strahlung in Leiterstrukturen

Der primäre Kopplungsmechanismus der in Kapitel 3 beschriebenen elektromagnetischen Feldimpulsquellen in elektronische Systeme ist durch die Strahlungskopplung beschrieben. Diese Einkopplung wird über den Gehäuseschirm (Aperturkopplung) in geometrische Strukturen sowie die extern angebundenen Leitungen (Versorgungs- und Datenleitungen) des elektronischen Systems ermöglicht. Zusätzlich besitzen drahtlose Übertragungssysteme im Vergleich zu drahtgebundenen Übertragungssystemen die Antenne als Verbindung zur äußeren Umgebung, wodurch es zusätzlich zur Einkopplung elektromagnetischer Energie über diese kommen kann. Diese Antenne ist besonders auf den Sende- und Empfangsfrequenzbereich des drahtlosen Übertragungssystems optimiert, so dass elektronische Systeme innerhalb dieses Frequenzbereiches besonders suszeptibel sein können.

Der Standard IEC 61000-5-9 [69] unterscheidet die Kopplungspfade dahingehend pragmatisch zwischen Frontdoor- und Backdoor-Kopplung (Einkopplung durch die „Vordertür" bzw. „Hintertür"). Die schematische Darstellung dieser Koppelpfade ist in Abbildung 4.1 illustriert und wird in den nachfolgenden zwei Unterabschnitten genauer erläutert.

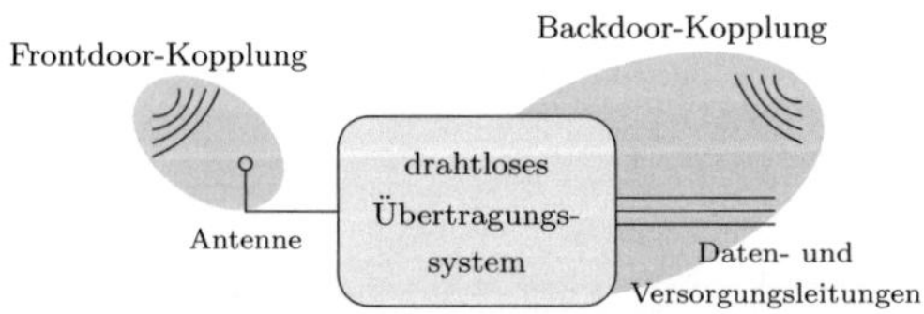

Abbildung 4.1: *Schematische Darstellung der Kopplungspfade über Frontdoor- und Backdoor-Kopplung in ein drahtloses Übertragungssystem*

Im Gegensatz zu der beschriebenen Frontdoor- und Backdoor-Kopplung werden im Standard IEC 61000-1-5 [70] die Begriffe „*inadvertent penetration*" (versehentliche Beeinflussung) und „*deliberate penetration*" (vorsätzliche Beeinflussung) genutzt. Die versehentliche Beeinflussung beschreibt dabei die ungewollte Störung elektronischer Systeme durch die Einkopplung elektromagnetischer Energie in Fehlstellen des elektromagnetischen Schirms. Im Gegensatz dazu beschreibt die vorsätzliche Beeinflussung eine gewollte elektromagnetische Beeinflussung und kann direkt dem Begriff IEMI zugeordnet werden. Es sind bei den im vorigen Kapitel beschriebenen Störquellen sowohl versehentliche (durch Betrieb drahtloser Übertragungssystem in der Nähe von Radaranlagen) als auch vorsätzliche (durch die wissentliche Nutzung von elektromagnetischen Feldimpulsen zur Störung drahtloser Übertragungssysteme) Beeinflussungen möglich. Aus diesem Grund werden im Folgenden ausschließlich die Begriffe Frontdoor- und Backdoor-Kopplung benutzt.

4.1.1 Frontdoor-Kopplung

Die Frontdoor-Kopplung beschreibt die Einkopplung elektromagnetischer Energie in drahtlose Übertragungssysteme über die Sende- bzw. die Empfangsantenne und ist in die Kategorien Frontdoor-Kopplung erster sowie zweiter Ordnung untergliedert. Die Frontdoor-Kopplung erster Ordnung bezieht sich auf die Einkopplungen innerhalb des Übertragungsbandes (Innenbandstörung) eines drahtlosen Übertragungssystems. Die Frontdoor-Kopplung zweiter Ordnung beschreibt die Einkopplung außerhalb des Übertragungsbandes (Außenbandstörung).

Die möglichen Auswirkungen für drahtlose Übertragungssysteme durch Frontdoor-Kopplung sind durch folgende drei Auswirkungserscheinungen[1] geprägt [71]:

- Reduktion des Signal-zu-Rauschverhältnisses (SNR) bzw. des Signal-zu-Interferenzverhältnisses (SIR) im Empfänger,
- vorübergehender Abbruch der drahtlosen Übertragung oder
- Zerstörung von Bauteilen im Sender oder Empfänger der drahtlosen Übertragung.

Die Reihenfolge der drei Auswirkungserscheinungen spiegelt deren Schwere für die Beeinflussbarkeit der drahtlosen Übertragung wider. Die durch eine einkoppelnde elektromagnetische Störung hervorgerufene Reduktion des SNR bzw. SIR bewirkt eine direkte Reduktion der Leistungsfähigkeit (Datenratenreduktion, Datenverlust oder Erhöhung von Latenzen) des drahtlosen Übertragungssystems. Sinkt das SNR bzw. das SIR weiter ab, so bewirkt dieses im schlimmsten Fall einen vorübergehenden Abbruch der drahtlosen Übertragung.

[1] Die zusätzliche Auswirkungserscheinung des gezielten Einbringens von Fehlinformationen ist in dieser Auflistung vernachlässigt worden, da diese Auswirkungserscheinung mit sehr großen Komplexitätskenntnissen des jeweiligen drahtlosen Übertragungssystems verbunden ist und daher für die beschriebenen Störquellen nicht in Betracht kommen.

Durch sehr leistungsstarke oder auch energiereiche Störungen kann es schlussendlich bei der Frontdoor-Kopplung durch verschiedene Schadensmechanismen (Latch-up Effekt, dielektrischer Durchbruch, Zerstörung von Metallisierungsschichten oder Beschädigung von pn-Halbleiterübergängen [72]) zu einer Zerstörung von Bauelementen führen. Diese Zerstörung ist für die drahtlose Übertragung nicht reversibel, womit das gesamte drahtlose Übertragungssystem zerstört ist.

Die Frontdoor-Kopplung wird über die dem drahtlosen Übertragungssystem zugehörige Antenne beschrieben, welche zum Senden und Empfangen elektromagnetischer Energie optimiert ist. Aus diesem Grund werden in den nachfolgenden Abschnitten generische sowie kommerzielle Antennen für drahtlose Übertragungssysteme auf deren Einkoppelungsverhalten gegenüber ausgewählten leistungsstarken elektromagnetischen Störquellen aus Kapitel 3 untersucht und eine Abschätzung der wesentlichen Störgrößen für ein drahtloses Übertragungssystem gegeben.

4.1.2 Backdoor-Kopplung

Im Gegensatz zur Frontdoor-Kopplung beschreibt die Backdoor-Kopplung die Einkopplung elektromagnetischer Energie über die geometrischen Strukturen sowie Daten- und Versorgungsleitungen eines drahtlosen Übertragungssystems. Die Backdoor-Kopplung kann durch einen geeigneten äußeren Schirmungsmechanismus reduziert werden und ist nicht zwingend selbst vom Inneren des elektronischen Systems abhängig.

Mögliche Auswirkungserscheinungen durch Backdoor-Kopplung sind immer auf das gesamte elektronische System zu betrachten und können dieses über nachfolgende zwei Auswirkungserscheinungen beeinflussen [71]:

- vorübergehende Beeinflussung des elektronischen Systems oder
- Zerstörung von Bauteilen des elektronischen Systems.

Ähnlich wie bei der Frontdoor-Kopplung kann die Backdoor-Kopplung elektromagnetischer Energie zu einer vorübergehenden Beeinflussung des elektronischen Systems führen, welche jedoch nicht nur die drahtlose Übertragung, sondern zusätzlich periphere Komponenten des elektronischen Systems stören kann. Auch für die Backdoor-Kopplung ist der höchst kritische Auswirkungmechanismus die Zerstörung von Bauteilen durch die Einkopplung sehr leistungsstarker oder auch energiereicher Störungen.

Die Beschreibung der Backdoor-Kopplung ist abhängig vom Aufbau des gesamten elektronischen Systems (geometrische Strukturen, Leiterbahnen sowie Daten- und Versorgungsleitungen) und ist damit für jedes unterschiedliche drahtlose Übertragungssystem jeweils differenziert zu betrachten. Dadurch ist eine generelle Aussage über die Auswirkung auf drahtlose Übertragungssysteme nur schwer möglich.

Zur Beschreibung der Einkopplung in diese Systeme wird die Kopplungsübertragungsfunktion genutzt [22, 24], welche in Abbildung 4.2 als Systemtransferfunktion von einer einkoppelnden Feldgröße zur hervorgerufenen Spannung im elektronischen System approximiert ist. Diese Systemtransferfunktion kann in drei Hauptverhaltensbereiche untergliedert werden, wobei unterhalb der Grenzfrequenz f_1 ein differenzierendes Verhalten, oberhalb von der Grenzfrequenz f_2 ein integrierendes Verhalten und zwischen den beiden Grenzfrequenzen ein resonantes Verhalten vorliegt.

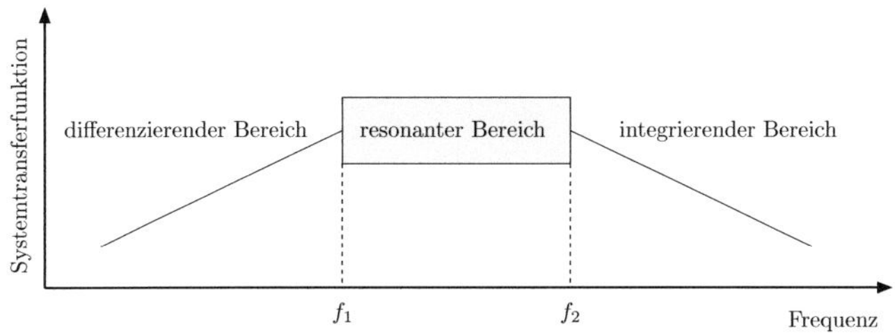

Abbildung 4.2: *Systemtransferfunktion zur Beschreibung der Einkopplung elektromagnetischer Felder auf elektronische Systeme (doppeltlogarithmische Achsenskalierung) [22, 24]*

Die Abschätzung der Grenzfrequenzen f_1 und f_2 wird nach [22, 24] für beliebige elektronische Systeme mit Hilfe der maximalen geometrischen Systemabmessung $l_{\max}$ und der Lichtgeschwindigkeit c angenähert mit

$$f_1 = \frac{c}{4 \cdot l_{\max}} \quad \text{und} \tag{4.1}$$

$$f_2 = \frac{5 \cdot c}{l_{\max}} \,. \tag{4.2}$$

Innerhalb von [24, 25, 26] sind diese Systemtransferfunktionen für komplexe elektronische Systeme durch Messung und Simulation bereits bestimmt worden, so dass diese Verfahren für die Backdoor-Kopplung auf drahtlose Übertragungssysteme übertragen werden können. Eine Betrachtung der Backdoor-Kopplung innerhalb dieser Arbeit beschränkt sich auf die in Abschnitt 4.5 durchgeführten Untersuchungen der Einkopplungen durch die vorgestellten leistungsstarken Feldstörquellen in die Daten- und Versorgungsleitungen typischer USB[2]-Module, die für den Einsatz drahtloser Übertragungen auf Basis von Bluetooth und Wireless LAN vorgesehen sind.

[2]USB - Universal Serial Bus (vgl. Abschnitt 4.5.1)

4.2 Relevanz für drahtlose Übertragungssysteme im 2,4-GHz-ISM-Frequenzband

Die Beeinflussbarkeit drahtloser Übertragungssysteme gegenüber leistungsstarken Störungen wird über die im vorigen Abschnitt beschriebene Frontdoor- und Backdoor-Kopplung vorgegeben. Dieser Abschnitt liefert für diese Kopplungspfade eine Abschätzung der Relevanz der im Kapitel 3 vorgestellten transienten und periodischen elektromagnetischen Störquellen auf drahtlose Übertragungssysteme aus dem 2,4-GHz-ISM-Frequenzband. Die angesprochene Frontdoor-Kopplung stellt dabei die überwiegend betrachtete Kopplung in diese Systeme dar, da die Backdoor-Kopplung maßgeblich von äußeren Faktoren (Geometrie und Schirmung) und nicht von dem verwendeten Übertragungsstandard selbst abhängt.

Die Auswirkungen der Frontdoor-Kopplung elektromagnetischer Feldimpulse auf drahtlose Übertragungssysteme wird maßgeblich vom beeinflussbaren Frequenzbereich der Feldimpulse vorgegeben und wird in Innenbandstörungen und Außenbandstörungen unterteilt (vgl. Abschnitt 4.1.1). Im Folgenden wird dieses für die transienten elektromagnetische Störquellen aus Abschnitt 3.1 und für periodische elektromagnetische Störquellen aus Abschnitt 3.2 abgeschätzt.

4.2.1 Relevanz transienter elektromagnetischer Störquellen

Die Breitbandigkeit transienter elektromagnetischer Störquellen führt dazu, dass diese Störquellen für drahtlose Übertragungssysteme sowohl Außenband- als auch Innenbandstörungen darstellen.

Zur Abschätzung von Innenbandstörungen durch die drei vorgestellten Feldimpulsquellen aus Abbildung 3.4 wird die in Gleichung (3.9) definierte bandbegrenzte Energieflussdichte genutzt und mit den jeweiligen ISM-Frequenzbändern aus Tabelle 2.1 verknüpft. Die jeweilig resultierende bandbegrenzte Energieflussdichte, bezogen auf die gesamte Energieflussdichte als Energieflussdichteanteil, ist in der Tabelle 4.1 für die einzelnen ISM-Frequenzbänder zusammengefasst.

Aus Tabelle 4.1 ist zu erkennen, dass der UWB-Feldimpuls auch bei den hohen ISM-Frequenzbändern bis 5,8 GHz einen Anteil an der gesamten Energieflussdichte der Feldimpulse besitzt. Im Vergleich dazu besitzt der NEMP nur Energieflussdichteanteile bis zu 40 MHz und der LEMP nur Energieflussdichteanteile bis 10 kHz. Daher kommt für Innenbandstörungen im Wesentlichen nur der UWB-Feldimpuls als eine elektromagnetische Störquelle für das 2,4-GHz-ISM-Frequenzband in Frage.

Tabelle 4.1: *Energieflussdichteanteil verschiedener elektromagnetischer Feldimpulse an der gesamten Energieflussdichte W_{EMP} aus Tabelle 3.3 in den ISM-Frequenzbändern aus Tabelle 2.1 (Werte, deren Exponent kleiner 10^{-3} ist, sind vernachlässigt)*

ISM-Frequenzband	Bandbreite	Energieflussanteil in ‰		
		LEMP	NEMP	UWB
9 kHz bis 10 kHz	1 kHz	23,4	0,31	0,10
13.553 kHz bis 13.567 kHz	14 kHz	-	0,20	0,69
26.957 kHz bis 27.283 kHz	326 kHz	-	0,60	12,8
40,66 MHz bis 40,70 MHz	40 kHz	-	0,02	1,27
433,05 MHz bis 434,79 MHz	1,74 MHz	-	-	1,26
2.400 MHz bis 2.500 MHz	100 MHz	-	-	2,01
5.725 MHz bis 5.875 MHz	100 MHz	-	-	0,34
24 GHz bis 24,25 GHz	250 MHz	-	-	-

Als mögliche Außenbandstörungen sind jedoch alle drei vorgestellten Feldimpulsquellen zu sehen. Da drahtlose Übertragungssysteme inzwischen mit sehr kleinen Empfangspegeln arbeiten, führen große Spitzenstörleistungen dazu, dass die verstärkenden Elemente des Empfängers kurzzeitig übersteuert oder sogar zerstört werden können.

Ausgehend von den transienten Feldimpulsen aus Abschnitt 3.1, stellt der vorgestellte UWB-Feldimpuls das größte Gefahrenpotential dar. Diese Feldimpulse sind in der Lage, sowohl Außenbandstörungen als auch Innenbandstörungen für drahtlose Übertragungssysteme im 2,4-GHz-ISM-Frequenzband hervorzurufen. Es wird sich daher in den folgenden Untersuchungen auf die UWB-Feldimpulsquelle konzentriert.

4.2.2 Relevanz periodischer elektromagnetischer Störquellen

Im Gegensatz zu den transienten elektromagnetischen Störquellen zeichnen sich periodische elektromagnetische Störquellen durch ein sehr schmales Frequenzspektrum aus. Periodische elektromagnetische Störquellen können je nach Mittenfrequenz sowohl als Innenbandstörer als auch als Außenbandstörer in Erscheinung treten. Innenbandstörungen sind jedoch, durch die globalen Regulierungen bei der Betreibung von z.B. Radaranlagen, sehr unwahrscheinlich und treten bei gewollter Störung erst in den Vordergrung.

Außenbandstörungen für drahtlose Übertragungssysteme sind abhängig von ihrem Frequenzabstand zum Übertragungsfrequenzbereich und müssen, z.B. bei der Planung von Navigations- und Kommunikationsanlagen auf Schiffen und in Luftfahrzeugen, besonders in Betracht gezogen werden [73]. Auch der Bluetooth-Standard [35] fordert eine maximal tolerierbare Empfangsleistung am Empfängereingang für Störquellen bei Frequenzen außerhalb des 2,4-GHz-ISM-Frequenzbandes. Eine Übersicht dieser Grenzwerte gibt die

Tabelle 4.2. Für die anderen drahtlosen Übertragungsstandards aus Abschnitt 2.3 werden solche Grenzwerte nicht gefordert, wodurch aber eine potentielle Beeinflussbarkeit dieser Systeme nicht ausschlossen ist.

Tabelle 4.2: *Maximal tolerierbare Empfangsleistung für elektromagnetische Störungen außerhalb des 2,4-GHz-ISM-Frequenzbandes bei Bluetooth-Empfängern [35]*

Frequenzbereich	Maximal tolerierbare Empfangsleistung
30 - 2000 MHz	-10 dBm
2000 - 2399 MHz	-27 dBm
2484 - 3000 MHz	-27 dBm
3000 - 7000 MHz	-10 dBm

Zur Illustration zeigt Abbildung 4.3 das auf einem Kreuzfahrtschiff vermessene Empfängerspektrum in der Nähe einer S-Band-Radaranlage und stellt zusätzlich die durch die Bluetooth-Spezifikation [35] gegebenen Grenzwerte der maximal tolerierbaren Empfangsleistung am Empfängereingang dar. Bei Betrieb der S-Band-Radaranlage ist eine Überschreitung um über 10 dB des durch den Bluetooth-Standard gegebenen Grenzwertes erkennbar. Eine Beeinflussung bei Betrieb eines drahtlosen Übertragungssystems in der Nähe von Radaranlagen kann daher nicht ausgeschlossen werden. Insbesondere Radaranlagen, welche im Frequenzbereich in der Nähe des 2,4-GHz-ISM-Frequenzbandes arbeiten, sind als besondere Störquelle zu betrachten und werden in den Untersuchungen der nächsten Kapitel durch eine S-Band-Radaranlage bei einer Arbeitsfrequenz von 3,05 GHz repräsentiert.

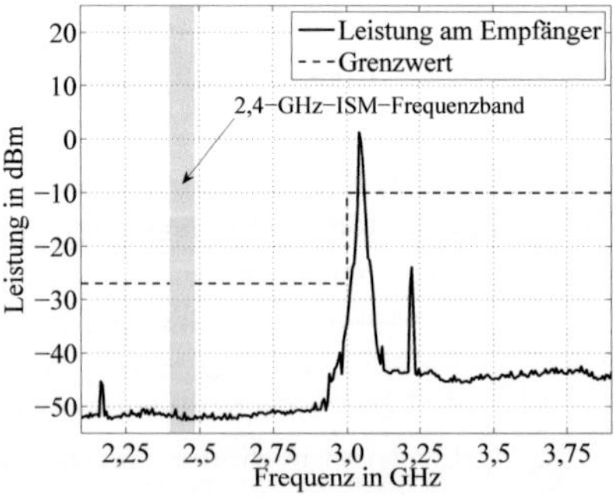

Abbildung 4.3: *Frequenzaufgelöste Empfängereingangsleistung eines drahtlosen Übertragungssystems in der Nähe einer S-Band-Radaranlage [2] mit dem Grenzwert der maximal tolerierbaren Empfangsleistung [35]*

4.3 Messumgebung zur Einkopplungsuntersuchung

Für die Untersuchungen der Einkopplungspfade in den folgenden Abschnitten stellen sowohl die Auswahl der Messumgebung als auch die Erzeugung der Störquellen große Herausforderungen an alle verwendeten Komponenten. Zum einen müssen die Komponenten für die transienten Störungen den sehr kurzen Anstiegszeiten und dadurch resultierenden breiten Amplitudendichtespektren genügen und zum anderen sowohl bei den leistungsstarken transienten als auch leistungsstarken periodischen Störquellen die Anforderungen der hohen Spitzenleistungen erfüllen.

Neben Freifeldmessplätzen haben sich für Laboruntersuchungen besonders TEM-Zellen (GTEM[3]-Zelle oder Crawford-Zelle) zur Untersuchung des Einflusses feldgeführter Störgrößen auf elektronische Systeme durchgesetzt. Eine Möglichkeit zur Untersuchung der Auswirkungen durch leistungsstarke transiente und periodische Störungen wird innerhalb des Standard IEC 61000-4-20 [74] beschrieben und ist in [75, 76] für transiente Störquellen umfassend für die GTEM-Zelle bestätigt worden. Aus diesen Gründen findet die GTEM-Zelle für die folgenden Untersuchungen ebenfalls Anwendung.

Die GTEM-Zelle stellt einen konisch-aufgeweiteten TEM-Wellenleiter dar, der in Abbildung 4.4 schematisch dargestellt ist. Innerhalb der GTEM-Zelle ist ein sehr homogenes elektromagnetisches Feld vorhanden, welches idealisiert in Form einer TEM-Welle (Quasi-TEM-Welle) vorliegt. Die TEM-Welle breitet sich dabei von der Speisung zum Abschluss der Zelle aus und bildet ein Freifeld innerhalb des Testvolumens nach. Die GTEM-Zelle ist elektrisch an ein 50-Ω-System angepasst, wobei für niederfrequente elektromagnetische Anregungen (bis 100 MHz) das Septum der GTEM-Zelle über ein 50-Ω-Widerstandsnetzwerk angepasst und für hochfrequente elektromagnetische Felder (ab 100 MHz) die Anpassung durch pyramidenförmige Hochfrequenzabsorber am Ende der GTEM-Zelle sichergestellt wird.

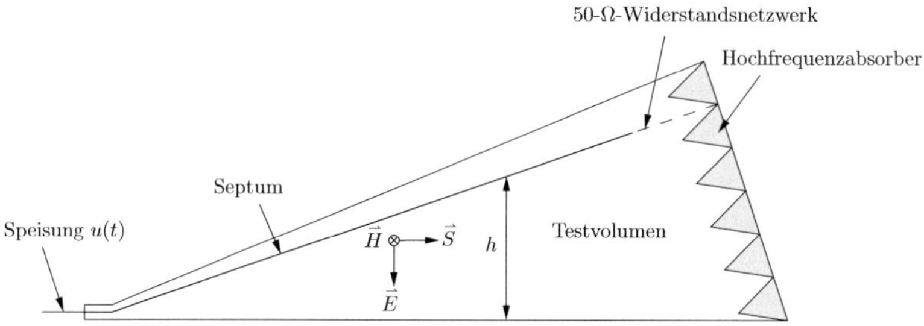

Abbildung 4.4: *Schematische seitliche Ansicht einer GTEM-Zelle mit der Septumshöhe h*

[3]GTEM - Gigahertz-Transversal-Elektromagnetische

Aufgrund des homogenen Feldes innerhalb der GTEM-Zelle, wird innerhalb des Testvolumens die elektrische Feldstärke $E(t)$ von der jeweiligen Höhe h am Ort des Testobjekts sowie der speisenden Spannung $u(t)$ abgeschätzt durch

$$E(t) = \frac{u(t)}{h} . \tag{4.3}$$

4.3.1 Nachbildung von UWB-Feldimpulsen

Für die Nachbildung von UWB-Feldimpulsen nach Abschnitt 3.1 findet der UWB-Impulsgenerator PBG3 der Firma Kentech Instruments Ltd. [77] Verwendung. Dieser UWB-Impulsgenerator erlaubt es, reproduzierbare UWB-Impulse mit einer Spitzenamplitude von 12,5 kV an einem 50-Ω-System zu erzeugen. Die angegebene Anstiegszeit des UWB-Impulsgenerators beträgt weniger als 100 ps und es werden Pulsbreiten (FWHM) von ungefähr 3 ns erreicht. Die maximale Pulswiederholfrequenz ist mit 1 kHz spezifiziert.

Die durch Gleichung (4.3) beschriebene elektrische Feldstärke des UWB-Feldimpulses, der durch den Anschluss des UWB-Impulsgenerator an die GTEM-Zelle innerhalb des Testvolumens erzeugt wird, ist in Abbildung 4.5(a), normiert auf eine elektrische Spitzenfeldstärke von 1 kV/m, dargestellt. Der nach Gleichung (3.3) berechnete Feldstärkeverlauf ist zusätzlich als Approximation dargestellt, wobei dieser durch die Parameter α und β in Tabelle 4.3 bestimmt ist. Das zugehörige Amplitudendichtespektrum, sowie der kumulierte Wert der Energieflussdichte nach Gleichung (3.10), sind in den Abbildungen 4.5(b) und 4.5(c) abgebildet. Die charakterisierenden Parameter des UWB-Feldimpulses befinden sich zusammengefasst in Tabelle 4.3.

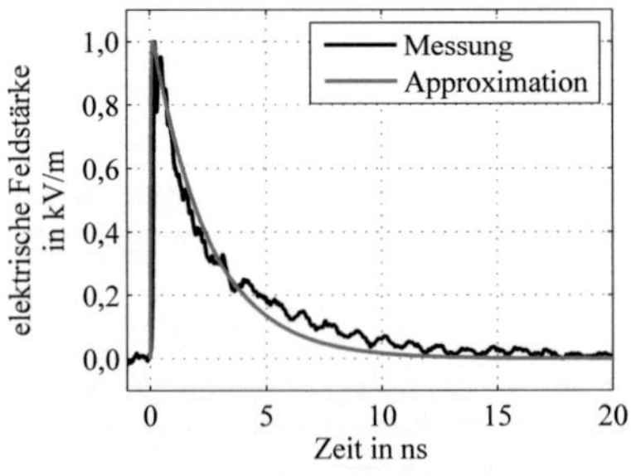

(a) Zeitbereich des UWB-Feldimpulses

Abbildung 4.5: *Auf 1-kV/m-normierter elektrischer Feldstärkeverlauf (a), resultierendes Amplitudendichtespektrum (b) und der kumulierte Wert der Energieflussdichte (c) des erzeugten UWB-Feldimpulses durch Anschluss des PBG3 [77] an eine GTEM-Zelle*

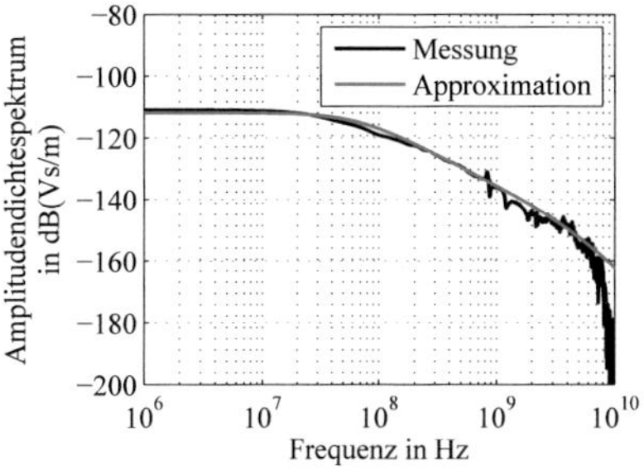

(b) Frequenzbereich des UWB-Feldimpulses

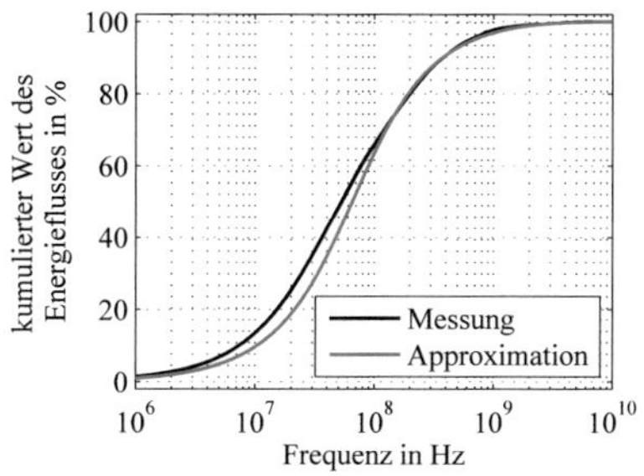

(c) kumulierter Wert der spektralen Energiedichte des UWB-Feldimpulses

Abbildung 4.5: *Auf 1-kV/m-normierter elektrischer Feldstärkeverlauf (a), resultierendes Amplitudendichtespektrum (b) und der kumulierte Wert der Energieflussdichte (c) des erzeugten UWB-Feldimpulses durch Anschluss des PBG3 [77] an eine GTEM-Zelle (Forts.)*

Tabelle 4.3: *Charakterisierende Parameter des vom PBG3 in einer GTEM-Zelle erzeugten UWB-Feldimpulses zu Abbildung 4.5*

UWB-Feldimpuls	α	β	t_r	t_d	$f_{\mathrm{k},90\,\%}$	$f_{\mathrm{k},99{,}9\,\%}$	W_{UWB}
Messung	-	-	110 ps	1,6 ns	375 MHz	5,8 GHz	$4{,}6\cdot10^{-3}\ \frac{\mathrm{J}}{\mathrm{m}^2}$
Approximation	$2{,}4\cdot10^{-9}$ s	$3{,}1\cdot10^{-11}$ s	70 ps	1,7 ns	375 MHz	5,8 GHz	$5{,}2\cdot10^{-3}\ \frac{\mathrm{J}}{\mathrm{m}^2}$

4.3.2 Nachbildung von Radarimpulsen

Die Erzeugung von leistungsstarken Radarimpulsen erfolgt in der Praxis durch Generatoren mit Spitzenleistungen von bis zu 30 kW (z.B. Magnetrons). Da der Aufbau solcher Generatoren nur mit großem Aufwand realisierbar ist, wird für die Labornachbildung von Radarimpulsen eine äquivalente Quelle benutzt, die der Abbildung 4.6 folgt.

Das Blockschaltbild in Abbildung 4.6 zeigt, wie eine kontinuierliche Sinusquelle mit Hilfe eines HF-Schalters periodisch ausgetastet wird, so dass ein gepulstes Sinussignal entsteht, welches mit einem HF-Verstärker verstärkt wird. Die periodische Austastung erfolgt über die Ansteuerung eines HF-Schalters durch einen programmierbaren Funktionsgenerator. Grundlage dieses Signals bildet die Antennenfußpunktspannung, die in der Nähe eines S-Band-Radars in einer breitbandigen Antenne hervorgerufen wird. Der zeitliche Verlauf der Antennenfußpunktspannung ist für einen Radarimpuls der Pulsdauer von 1 μs und einer Frequenz von 3,05 GHz in Abbildung 4.7(a) als schwarzer Spannungsverlauf dargestellt. Die Radarsignalnachbildung aus Abbildung 4.6 erzeugt den in grau dargestellten Verlauf. Die zugehörigen Amplitudendichtespektren der Antennen-

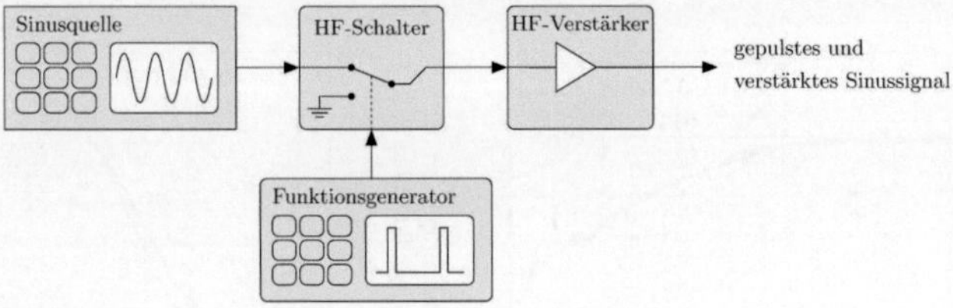

Abbildung 4.6: *Blockschaltbild der Radarimpulsnachbildung mit Hilfe eines HF-Schalters*

fußpunktspannung sind in Abbildung 4.7(b) dargestellt. Dabei werden die zusätzlichen Frequenzspitzen im Amplitudendichtespektrum der Messung durch lokale Kommunikationssender hervorgerufen.

Der Vergleich zwischen Messung und Nachbildung im Frequenzbereich zeigt eine gute Überdeckung der Kurven bei 3,05 GHz. Im Zeitbereich gibt es im Sinussignal der Radarquelle erkennbare Amplitudenschwankungen, die jedoch vernachlässigt werden.

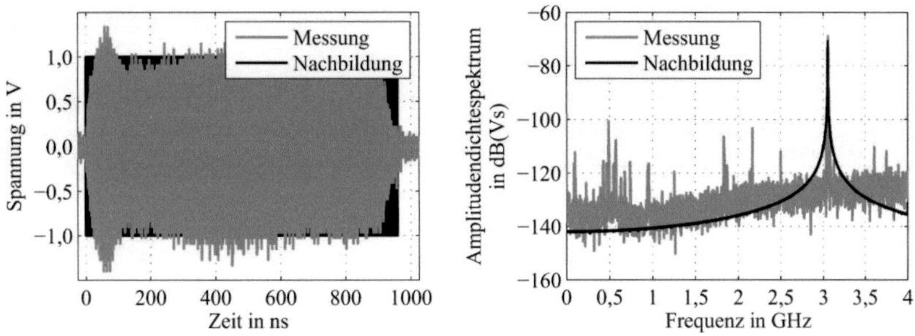

(a) *Zeitbereich* (b) *Frequenzbereich*

Abbildung 4.7: *Auf 1-V-normierte Antennenfußpunktspannung (a) sowie das zugehörige Amplitudendichtespektrum (b) einer breitbandigen Antenne, die durch das elektromagnetische Feld einer S-Band-Radaranlage (Frequenz 3,05 GHz, Pulsdauer 1 μs) hervorgerufen wird*

Mit der vorgestellten Anordnung ist es, aufgrund der Leistungsbeschränkung des HF-Verstärkers, nicht möglich, die sehr hohen Leistungen einer realen Radarquelle nachzubilden. Jedoch lässt sich dieses Signal verwenden, um die Einkopplung in drahtlose Systeme zu untersuchen und zu beschreiben. Dazu wird dieses Signal nicht über die Antenne eingekoppelt, sondern kann mit dem Wissen der hervorgerufenen Spannungsamplituden am Antennenfußpunkt direkt in den Empfänger eines digitalen Datenübertragungssystems eingespeist werden. Die jeweiligen Spitzenspannungsamplituden liefern die nachfolgenden Einkopplungsuntersuchungen an Antennen für das 2,4-GHz-ISM-Frequenzband.

4.4 Einkopplungsvorgänge durch Frontdoor-Kopplung in Antennen für das 2,4-GHz-ISM-Frequenzband

In diesem Abschnitt werden die Einkopplungsvorgänge durch Frontdoor-Kopplung leistungsstarker elektromagnetischer Feldimpulsquellen untersucht. Die Einkopplung wird maßgeblich von der mit einem drahtlosen Übertragungssystem benutzten Antenne vorgegeben, welche generell sowohl als Umsetzer von feldgebundenen elektromagnetischen Größen (elektrische und magnetische Feldstärke) in leitungsgebundene elektromagnetische Größen (Spannung und Strom) als auch umgekehrt dient.

Heutige drahtlose Übertragungssysteme besitzen eine Vielzahl an unterschiedlichen Antennentypen. Dabei ist gerade eine sehr gute Anpassung in den jeweiligen Frequenzbereichen des drahtlosen Übertragungssystems ausgeprägt, so dass die Effizienz von Aussendung und Empfang elektromagnetischer Wellen maximiert wird. Typische Antennen für drahtlose Übertragungssysteme im 2,4-GHz-ISM-Frequenzband sind beispielsweise durch Omni-, Monopol-, Dipol-, Patch-, Yagi-, Panel- oder Parabolantennen [42] gegeben. Diese Antennen lassen sich in einem drahtlosen Übertragungssystem grob in extern genutzte und intern genutzte Antennen untergliedern:

- extern genutzte Antennen
  - Richtantennen (z.B. Parabolantennen)
  - Omni-direktionale Antennen (z.B. Stabantennen)
- intern genutzte Antennen
  - Streifenleiterantennen
  - Keramikantennen

Um ein möglichst richtungsunabhängiges Aussenden und Empfangen zu gewährleisten, werden häufig omni-direktionale Stabantennen oder Streifenleiterantennen bevorzugt. Streifenleiterantennen sind dabei besonders beliebt, da sich diese leicht in kleinste elektronische Geräte, wie z.B. USB-Module, integrieren lassen.

In den folgenden Abschnitten werden die für die Einkopplungsvorgänge untersuchten Antennen präsentiert sowie eine Abschätzung der Einkopplung von einer UWB-Feldimpulsquelle und einer Radarimpulsquelle nach Kapitel 3 vorgestellt. Dazu werden die in Abschnitt 4.3 vorgestellten Störimpulsquellen genutzt. Zur Maximierung der Einkopplung werden im Vorwege Abstrahlungsuntersuchungen an den Antennen durchgeführt, so dass unter Ausnutzung der Reziprozität [78] auf die maximale Einkopplung durch

Bestimmung der maximalen Abstrahlung geschlossen werden kann. Die Ergebnisse der Einkopplungsuntersuchungen können dabei bis zu elektrischen Feldstärken von 30 kV/m als linear angenommen werden [27, 79].

4.4.1 Aufbau der untersuchten Antennen

Die untersuchten Antennen für die Benutzung im 2,4-GHz-ISM-Frequenzband bestehen zum einen aus zwei kommerziell erhältlichen Antennen in Form von Stabantennen und zum anderen aus drei realisierten Streifenleiterantennen mit typischen Basisstrukturen auf Leiterplatten (PCB[4]).

Stabantennen stellen die am häufigsten verwendeten Antennentypen für drahtlose Übertragungssysteme im 2,4-GHz-ISM-Frequenzband dar und folgen meist der Funktionsweise einer Monopolantenne. Die zwei untersuchten Stabantennen sind in Abbildung 4.8 in zwei verschiedenen Längen dargestellt.

Abbildung 4.8: *Foto zweier Stabantennen für das 2,4-GHz-ISM-Frequenzband (oben: kurze Variante, ca. 9,5 cm; unten: lange Variante, ca. 20 cm)*

Die realisierten Streifenleiterantennen sind schematisch in den Abbildung 4.9(a) bis 4.9(c) dargestellt. Es handelt sich um generische Streifenleiterstrukturen, deren geometrische Dimensionen [80, 81, 82] entnommen sind. Dabei finden die zwei grundlegenden Streifenleiterstrukturen einer PCB-Monopol- und einer PCB-Dipolantenne sowie die erweiterte Struktur einer PCB-Inverted-F[5]-Antenne Verwendung.

Die Streifenleiterantennen sind auf dem Platinenmaterial FR4[6] mit einer Dielektrizitätskonstanten $\epsilon_r = 4{,}7$ und einer Dicke von $h = 1{,}5$ mm aufgebaut. Die PCB-Monopol- und die PCB-Dipolantenne sind in Anlehnung an [80, 81], die PCB-Inverted-F-Antenne in Anlehnung an [82] realisiert. Die jeweiligen Dimensionen der drei realisierten Streifenleiterantennen sind in Tabelle 4.4 zusammengefasst.

[4]PCB - *Printed Circuit Board*

[5]Die Namensgebung erfolgt in Anlehnung an den geometrischen Aufbau in Form eines umgedrehten F

[6]FR4 - *Flame Retardant Type 4*

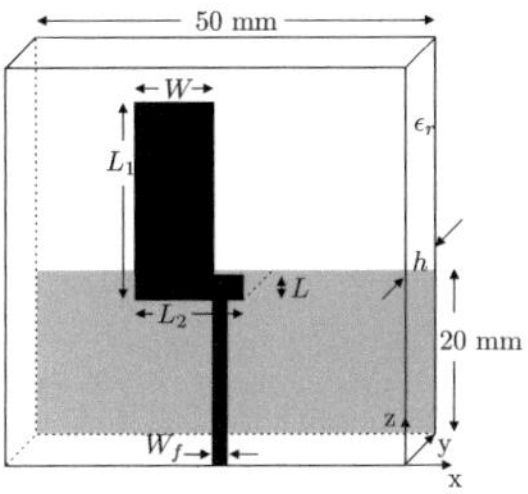

(a) PCB-Monopol

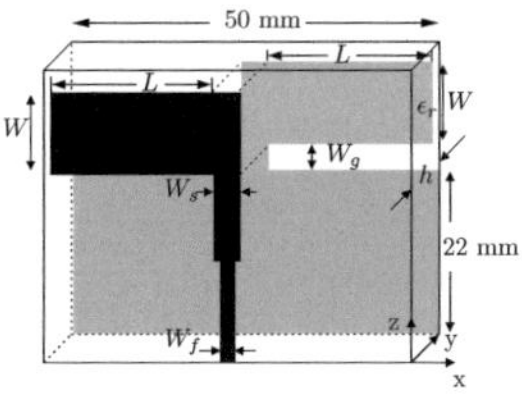

(b) PCB-Dipol

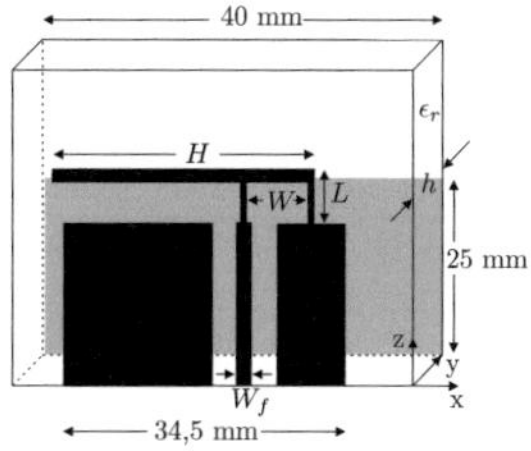

(c) PCB-Inverted-F

Abbildung 4.9: *Realisierte Streifenleiterantennen für das 2,4-GHz-ISM-Frequenzband. Zugehörige Dimensionen sind in Tabelle 4.4 zusammengefasst.*

Tabelle 4.4: *Dimensionsangaben der realisierten Streifenleiterantennen aus Abbildung 4.9*

PCB-MONOPOL	PCB-DIPOL	PCB-INVERTED-F
L = 3,16 mm	L = 22,0 mm	L = 5,58 mm
W = 9,48 mm	W = 10,0 mm	W = 5,00 mm
W_f = 2,75 mm	W_f = 2,75 mm	W_f = 2,75 mm
L_1 = 24,5 mm	W_s = 4,00 mm	H = 24,5 mm
L_2 = 13,6 mm	W_g = 3,00 mm	

4.4.2 Eigenschaften der untersuchten Antennen

Die Fähigkeit einer passiven Antenne, elektromagnetische Energie auszusenden und zu empfangen, ist über den Reziprozitätssatz [78] umkehrbar. Daher werden folgend die Eigenschaften der Antennen vermessen, die eine Aussage über die Abstrahlung der Antennen aus Abbildung 4.8 und 4.9 zulassen. Dazu wird zum einen der Eingangsreflexionsparameter am Antennenfußpunkt vermessen und zum anderen die Vermessung der Abstrahlungscharakteristik aufgezeigt. Die gewonnenen Ergebnisse ermöglichen es, die maximale Einkopplung von elektromagnetischen Störungen auf die Antenne abzuschätzen.

4.4.2.1 Eingangsreflexionsparameter der Antennen

Der Eingangsreflexionsparameter S_{11} der allgemeinen Streumatrix am Antennenfußpunkt beschreibt das Verhältnis zwischen eingespeister Leistung und reflektierter Leistung und gibt eine erste Abschätzung darüber, welcher Anteil der Speiseleistung abgestrahlt oder durch Anpassungsverluste in Wärme umgewandelt wird.

Ein erster Indikator für die Abstrahlung ist das „-10-dB-Kriterium" [83] des Eingangsreflexionsparameters, welches den Frequenzbereich vorgibt, in dem der Eingangsreflexionsparameter kleiner als -10 dB ist. Alternativ wird das Stehwellenverhältnis (VSWR[7]) am Antennenfußpunkt genutzt, welches durch eine Umrechnung vom Eingangsreflexionsparameter bestimmt werden kann und für die Erfüllung des -10-dB-Kriteriums einen Wert kleiner 2 aufweisen muss. Den Beweis liefert die Umrechnung [83] zum Stehwellenverhältnis am -10-dB-Punkt durch

$$\text{VSWR} = \frac{1 + 10^{S_{11}/20}}{1 - 10^{S_{11}/20}} = \frac{1 + 10^{-0{,}5}}{1 - 10^{-0{,}5}} = 2\,. \tag{4.4}$$

Abbildung 4.10 gibt den jeweiligen Eingangsreflexionsparameter S_{11} der zwei kommerziellen Stabantennen sowie der drei realisierten Streifenleiterantennen im Frequenzbereich bis 4 GHz wieder. Die Eingangsreflexionsparameter werden dabei mit Hilfe eines Netzwerkanalysators aufgezeichnet. Tabelle 4.5 fasst die zu Abbildung 4.10 resultierenden Parameter der verschiedenen Antennen zusammen. Dabei sind neben der unteren -10-dB-Frequenz f_L und der oberen -10-dB-Frequenz f_H auch die daraus resultierende Bandbreite f_{BW} und der minimale Reflexionsparameter $S_{11,\mathrm{min}}$ mit den jeweiligen Frequenzen zusammengefasst.

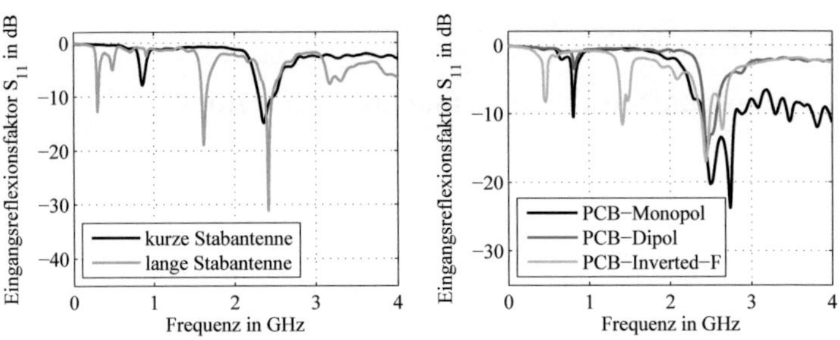

(a) kommerzielle Stabantennen *(b) realisierte Streifenleiterantennen*

Abbildung 4.10: *Eingangsreflexionsfaktor S_{11} der kommerziellen Stabantennen (a) sowie der realisierten Streifenleiterantennen (b) für das 2,4-GHz-ISM-Frequenzband*

Tabelle 4.5 zeigt, dass alle Antennen innerhalb des 2,4-GHz-ISM-Frequenzbandes einen Reflexionsfaktor von weniger als -10 dB aufweisen und damit ein erstes Indiz für Abstrahlung und den Empfang elektromagnetischer Energie innerhalb dieses Frequenzbandes gegeben ist. Bei Betrachtung des minimalen Reflexionsparameters $S_{11,\mathrm{min}}$ ist weiterhin zu erkennen, dass die lange Stabantenne den kleinsten Wert mit -31 dB aufzeigt und damit die größte Abstrahlung und demzufolge die stärkste Einkopplung elektromagnetischer Energie in diesem Frequenzband aufzeigen müsste.

[7]VSWR - *Voltage Standing Wave Ratio*

Tabelle 4.5: *Aus dem Reflexionsparameter abgeleitete Eigenschaften der kommerziellen Stabantennen sowie der realisierten Streifenleiterantennen zur Nutzung im 2,4-GHz-ISM-Frequenzband*

Antennentyp	-10-dB-Frequenzen		Bandbreite	Minimaler Eingangs-
	untere f_L	obere f_H	f_{BW}	reflexionsparameter $S_{11,min}$
kurze Stabantenne	2,30 GHz	2,48 GHz	180 MHz	-15 dB (2,36 GHz)
lange Stabantenne	2,38 GHz	2,47 GHz	90 MHz	-31 dB (2,42 GHz)
PCB-Monopolantanne	2,40 GHz	2,91 GHz	510 MHz	-24 dB (2,75 GHz)
PCB-Dipolantenne	2,40 GHz	2,55 GHz	150 MHz	-16 dB (2,45 GHz)
PCB-Inverted-F	2,39 GHz	2,49 GHz	100 MHz	-17 dB (2,44 GHz)

4.4.2.2 Abstrahlung der Antennen

Die Abstrahlung elektromagnetischer Felder kann auf zwei grundlegende Feldquellenarten reduziert werden. Dieses sind zum einen die elektrische Feldquelle und zum anderen die magnetische Feldquelle. Beide Feldquellenarten unterscheiden sich im Verlauf des Feldwellenwiderstands Z_W mit dem Abstand r zur jeweiligen Feldquelle und werden daher auch als Hochimpedanzfeld (überwiegend elektrische Feldquelle) und Niederimpedanzfeld (überwiegend magnetische Feldquelle) bezeichnet. Der Feldwellenwiderstand Z_W ist durch das Verhältnis der elektrischen Feldstärke E zur magnetischen Feldstärke H beschrieben durch

$$Z_W = \frac{E}{H} \,. \tag{4.5}$$

Der Verlauf des Betrages des Feldwellenwiderstandes Z_W ist für die überwiegend magnetische und die überwiegend elektrische Feldquelle in Abbildung 4.11 in Abhängigkeit vom normierten Abstand r^* zur Feldquelle gegeben. Der auf die Wellenlänge λ normierte Abstand r^* zur Feldquelle ist dabei beschrieben mit

$$r^* = 2\pi \, \frac{r}{\lambda} \,. \tag{4.6}$$

Die magnetische und die elektrische Feldquelle unterscheiden sich in der Nähe zur Feldquelle in ihrem Feldwellenwiderstand und gleichen sich in der Ferne zu dem konstanten Freiraumwellenwiderstand $Z_0 = 120\,\pi\,\Omega$ aus Gleichung (3.6) an. Diese Eigenschaft bildet die Grundlage für die Unterscheidung zwischen Nah- und Fernfeld einer Feldquelle. Nach [53] ist der Übergang zum Nahfeld ab einem normierten Feldquellenabstand von $r^* \approx 5$ gegeben. Daher resultiert für eine Frequenz von 2,4 GHz der Beginn des Fernfeldes ab einem Abstand von

$$r = \frac{r^*}{2\pi} \cdot \lambda \approx 10 \text{ cm} \,. \tag{4.7}$$

Die Vermessung der Abstrahlungscharakteristiken wird mit einem Kugelkoordinatenscanner durchgeführt, welcher detailliert in [84, 85] beschrieben ist. Dieser Scanner ist in

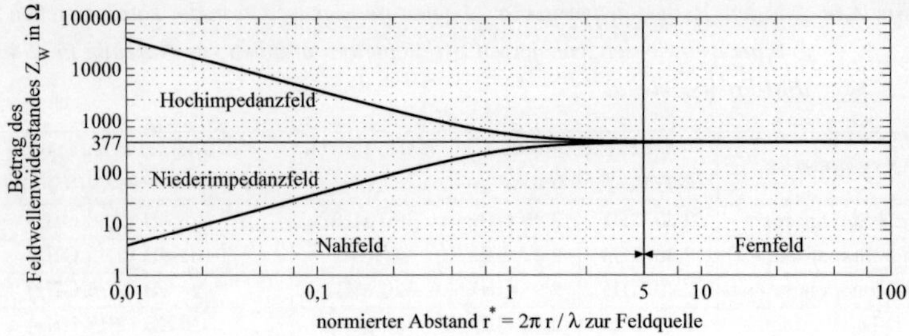

Abbildung 4.11: *Betrag des Feldwellenwiderstands Z_W hoch- und niederimpedanter Feldquellen in Abhängigkeit vom normiertem Abstand r^* zur Feldquelle [53]*

der Lage, das elektromagnetische Feld des Testobjekts[8] auf der Oberfläche von Hüllkurven in Form von Halbkugeln mit den Kugelkoordinaten r, φ und θ zu vermessen. Der schematische Aufbau des Kugelkoordinatenscanners ist in Abbildung 4.12 abgebildet.

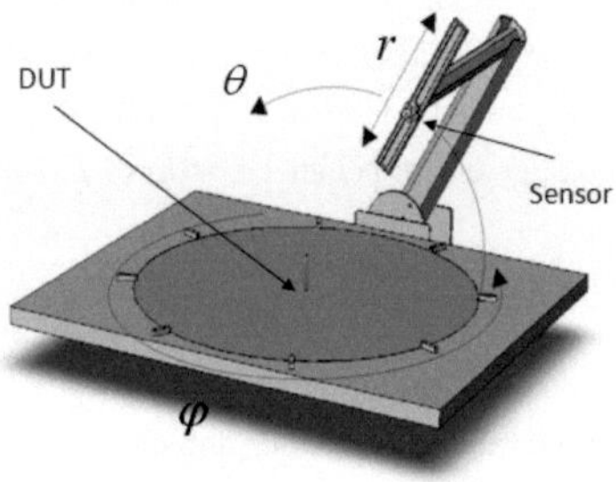

Abbildung 4.12: *Schematischer Messaufbau nach [84, 85] zur Vermessung von Abstrahlungscharakteristiken von Strahlungsquellen*

Für die Untersuchungen werden die jeweiligen Antennen in der Mitte des Tisches angebracht und mit einer sinusförmigen Anregung einer Frequenz von 2,42 GHz und einer Leistung von $P_{\text{in}} = 1$ W (30 dBm) gespeist. Die Ausrichtung der kommerziellen Antennen erfolgt dabei in vertikaler Richtung, die Ausrichtung der Streifenleiterantennen erfolgt anhand des in Abbildung 4.9 dargestellten Koordinatensystems, wobei die x-y-Ebene durch die Metallplatte vorgegeben wird. Zur Vermessung der Abstrahlungcharakteristik ist ein dreidimensionaler optischer E-Feld-Sensor in einem Abstand von $r = 0{,}95$ m am Messarm des Kugelkoordinatenscanners angebracht. Unter dieser Voraussetzung wird eine Untersuchung der Antennenabstrahlung, unter Erfüllung der Bedingung (4.7), im Fernfeld ermöglicht.

[8]DUT - *Device Under Test*

Die Ergebnisse der Untersuchungen der elektrischen Spitzenfeldstärke sind jeweils auf den linken Seiten in den Abbildungen 4.13(a)-(d) für die zwei kommerziellen Antennen und in den Abbildungen 4.14(a)-(f) für die drei Streifenleiterantennen abgebildet. Die aus den vermessenen elektrischen Spitzenfeldstärken resultierenden Strahlungsdiagramme sind jeweils auf der rechten Seite der Abbildungen dargestellt.

Ein Vergleich der unterschiedlichen Strahlungsdiagramme zeigt, dass die größten elektrischen Spitzenfeldstärken mit ca. 22 V/m bei den kommerziellen Antennen sowie bei der PCB-Monopolantenne auftreten. Während die PCB-Dipolantenne eine maximale elektrische Spitzenfeldstärke von 15 V/m aufweist, besitzt die PCB-Inverted-F-Antenne eine elektrische Spitzenfeldstärke von maximal 19 V/m.

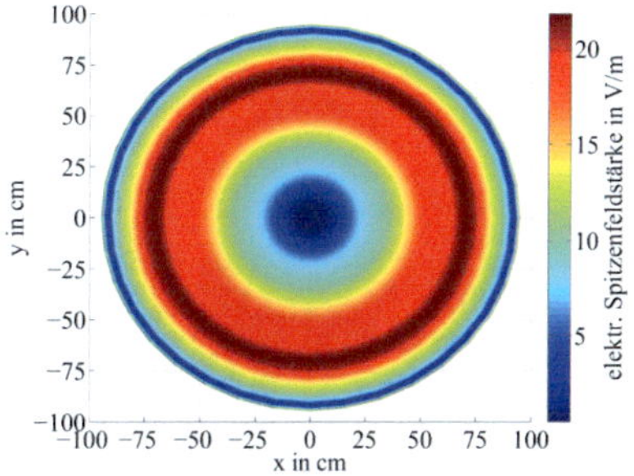

(a) Verteilung der elektrischen Spitzenfeldstärke der kurzen Stabantenne

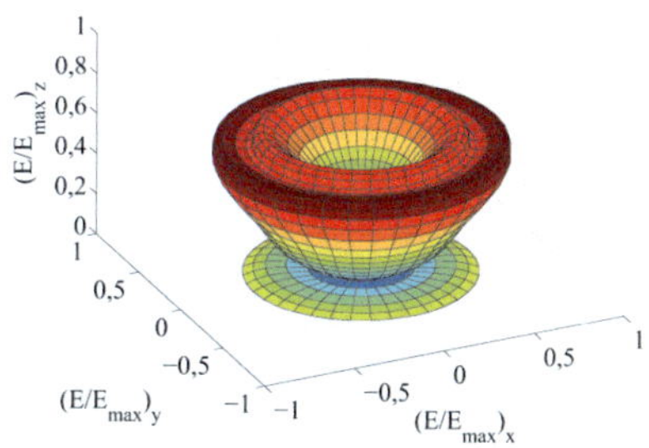

(b) Resultierendes Strahlungsdiagramm der kurzen Stabantenne

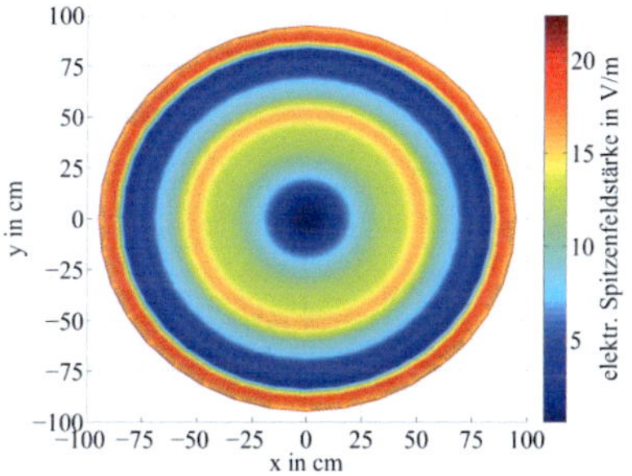

(c) Verteilung der elektrischen Spitzenfeldstärke der langen Stabantenne

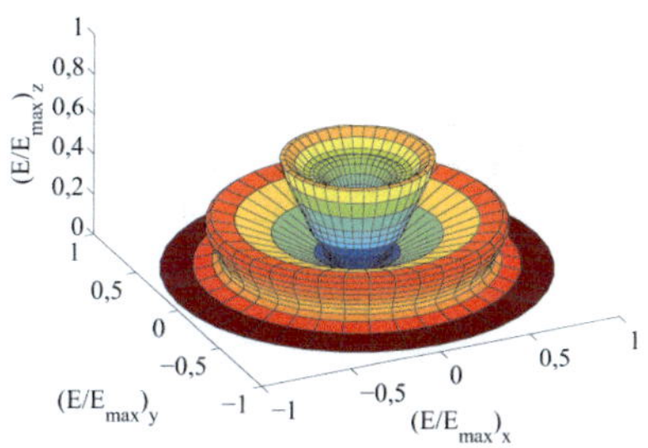

(d) Resultierendes Strahlungsdiagramm der langen Stabantenne

Abbildung 4.13: *Ergebnisse der Abstrahlungsuntersuchungen von kommerziellen Stabantennen aus Abbildung 4.8 über einer leitenden Ebene, wobei beide Antennen vertikal ausgerichtet sind und bei einer Frequenz von 2,42 GHz mit einer Leistung von 1 W gespeist werden.*

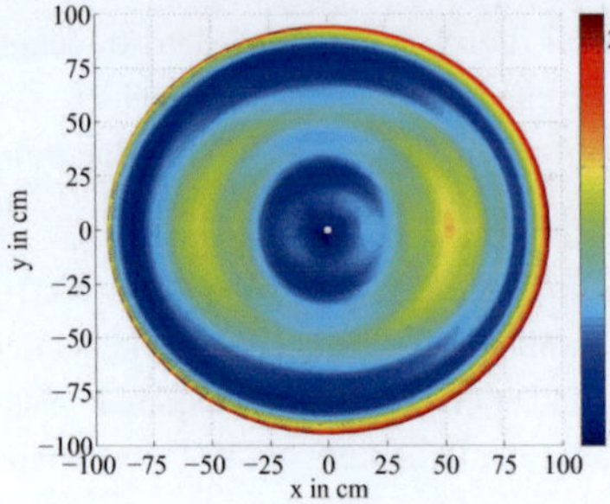

(a) Verteilung der elektrischen Spitzenfeldstärke der PCB-Monopolantenne

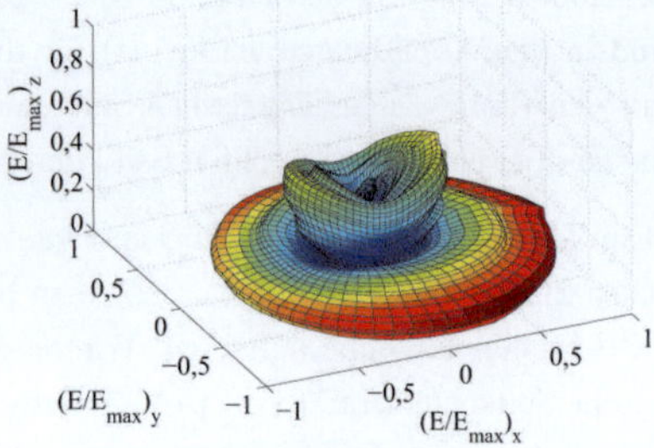

(b) Resultierendes Strahlungsdiagramm der PCB-Monopolantenne

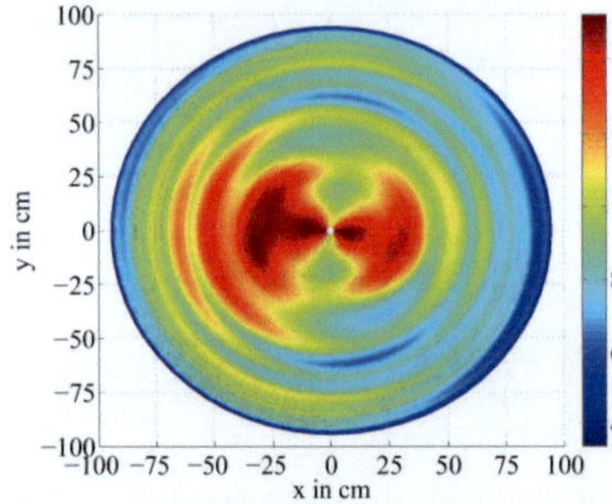

(c) Verteilung der elektrischen Spitzenfeldstärke der PCB-Dipolantenne

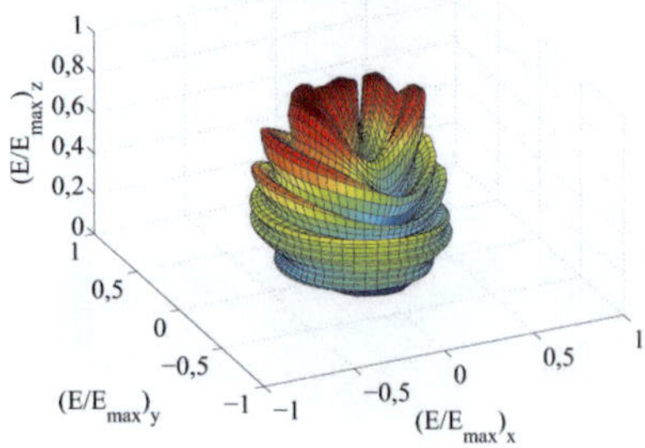

(d) Resultierendes Strahlungsdiagramm der PCB-Dipolantenne

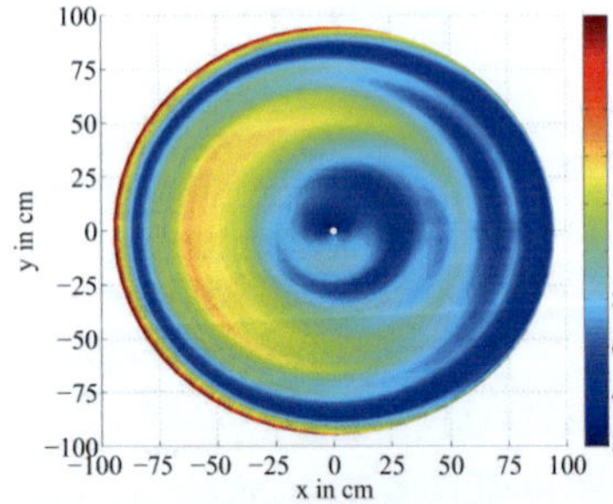

(e) Verteilung der elektrischen Spitzenfeldstärke der PCB-Inverted-F-Antenne

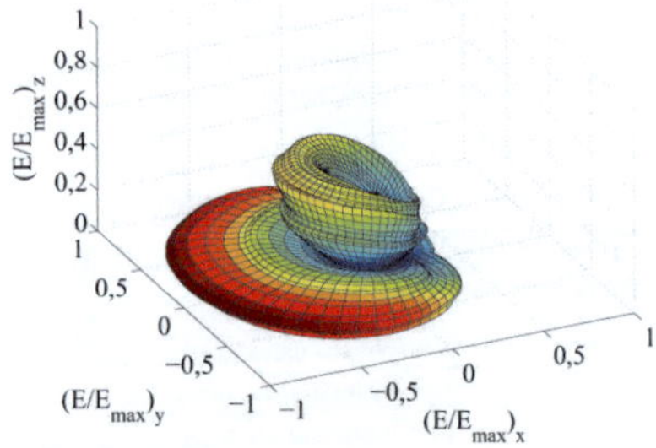

(f) Resultierendes Strahlungsdiagramm der PCB-Inverted-F-Antenne

Abbildung 4.14: *Ergebnisse der Abstrahlungsuntersuchungen generischer Streifenleiterantennen nach Abbildung 4.9 über einer leitenden Ebene. Die Antennenausrichtung erfolgt nach dem Koordinatensystem aus Abbildung 4.9. Die Speisung der Antennen erfolgt bei einer Frequenz von 2,42 GHz mit einer Leistung von 1 W.*

Bei Betrachtung der Strahlungsdiagramme ist zu erkennen, dass alle Streifenleiterantennen, ausgenommen die PCB-Dipolantenne, ihre hauptsächliche Abstrahlung in der x-y-Ebene besitzen. Die Abstrahlung der PCB-Dipolantenne erfolgt in positiver z-Richtung. Im Gegensatz zu den Stabantennen ist bei den Streifenleiterantennen in der x-y-Ebene eine Hauptabstrahlungsrichtung zu erkennen, so dass die PCB-Monopolantenne die größte Abstrahlung in positive x-Richtung und die PCB-Inverted-F-Antenne in die negative x-Richtung aufweist.

4.4.2.3 Zusammenfassung der Antennenparameter

Tabelle 4.6 zeigt eine Zusammenfassung der in den vorigen Abschnitten untersuchten Antennenparameter bei einer Frequenz von 2,42 GHz. Der Eingangsreflexionsparameter ist dabei der maximalen elektrischen Feldstärke der Abstrahlungsuntersuchung gegenübergestellt. Ergänzend ist die Richtung der maximalen Abstrahlung der Antennen gegeben.

Tabelle 4.6: *Zusammenfassung der Eingangsreflexionsparameter (Abschnitt 4.4.2.1) und der maximal elektrischen Feldstärken bei den Abstrahlungsuntersuchungen (Abschnitt 4.4.2.2) für die folgenden Einkopplungsuntersuchungen*

Antennentyp	Eingangs-reflexionsparameter S_{11} bei 2,42 GHz	Maximale elektrische Feldstärke und Richtung der Abstrahlung bei 2,42 GHz
kurze Stabantenne	-11 dB	22 V/m (x-y-Ebene, omnidirektional)
lange Stabantenne	-23 dB	22 V/m (x-y-Ebene, omnidirektional)
PCB-Monopol	-12 dB	21 V/m (pos. x-Richtung)
PCB-Dipol	-12 dB	15 V/m (pos. z-Richtung)
PCB-Inverted-F	-14 dB	19 V/m (neg. x-Richtung)

4.4.3 Frontdoor-Kopplung von UWB-Feldimpulsen

Die Einkopplungsuntersuchungen von UWB-Feldimpulsen in die vorgestellten Antennen wird in diesem Abschnitt vorgestellt und diskutiert. Aufbauend auf den Abstrahlungsuntersuchungen und den Ergebnissen aus Tabelle 4.6, sind die Antennen in der GTEM-Zelle auf die Weise positioniert, dass eine maximale Einkopplung im 2,4-GHz-ISM-Frequenzband in die Antennen erfolgt. Grundlage dafür bilden die Richtungsangaben der Tabelle 4.6, indem der Poynting-Vektor $\vec{S}$ der einkoppelnden TEM-Welle und die Richtung der maximalen Abstrahlung der Antennen gegeneinander gerichtet sind. Einen schematischen Messaufbau liefert dazu Abbildung 4.15. Die integrierte Entkopplung der kommerziellen Antennen zum Gehäuse der GTEM-Zelle werden, ergänzend zu den in [86, 87] vorgestellten Ergebnissen, bei den Streifenleiterantennen durch zusätzlich angebrachte Ferrite am Antennenfußpunkt erreicht.

Die Speisung $u(t)$ der GTEM-Zelle erfolgt mit dem UWB-Impulsgenerator aus Abschnitt 4.3.1. Die dadurch hervorgerufenen Antennenfußpunktspannungen $u_{AF}(t)$ werden mit einem breitbandigen Oszilloskop aufgezeichnet. Variable Dämpfungsglieder ermöglichen verschiedene elektrische Spitzenfeldstärken und schützen das Oszilloskop.

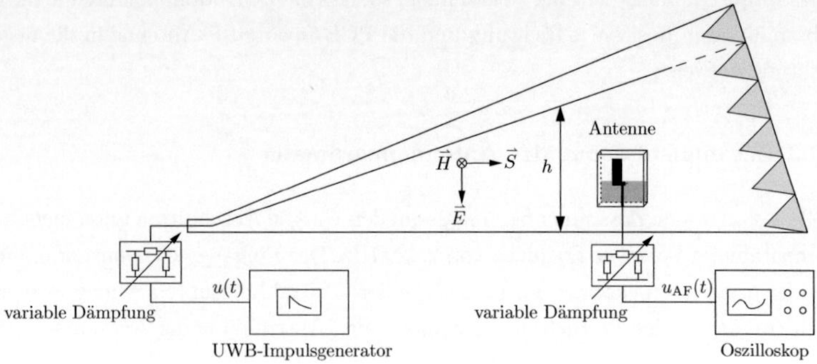

Abbildung 4.15: *Schematischer Messaufbau zur Einkopplung von UWB-Feldimpulsen in die Antennen aus Abbildung 4.8 und 4.9*

Die durch den UWB-Feldimpuls hervorgerufenen Antennenfußpunktspannungen $u_{AF}(t)$ der unterschiedlichen Antennen sind in Abbildung 4.16(a) für die kommerziellen Stabantennen und in Abbildung 4.16(b) für die realisierten Streifenleiterantennen dargestellt. Das über die Fouriertransformation berechnete Amplitudendichtespektrum ist in den Abbildungen 4.16(c) und 4.16(d) wiedergegeben. Weiterhin ist die Transferfunktion $T(f)$ als Verhältnis der hervorgerufenen Antennenfußpunktspannung $U_{AF}(f)$ zum hervorrufenden elektrischen Feld $E(f)$ nach Gleichung (4.8) in den Abbildungen 4.16(e) und 4.16(f) für die einzelnen Antennen berechnet durch

$$T(f) = 20 \cdot \log_{10} \left(\frac{|U_{AF}(f)|}{|E(f)|} \right) . \tag{4.8}$$

Tabelle 4.7 vergleicht die Ergebnisse der eingekoppelten UWB-Feldimpulse in die untersuchten Antennen. Dabei ist für die einzelnen Antennen neben der Spitzenamplitude der Antennenfußpunktspannung $U_{AF,max}$ und der hauptsächlich angeregten Frequenz f_R auch die eingekoppelte Gesamtenergie W_{Gesamt} sowie die eingekoppelte Energie im 2,4-GHz-ISM-Frequenzband $W_{f_1=2,4\,GHz, f_2=2,4835\,GHz}$ gegenübergestellt. Referenz dieser Werte ist der UWB-Feldimpuls mit einer elektrischen Spitzenfeldstärke von 1 kV/m. In Anlehnung an die Gleichungen (3.8) und (3.9) erfolgt die Berechnung der eingekoppelten Gesamtenergie W_{Gesamt} durch

$$W_{Gesamt} = \int_{-\infty}^{\infty} \frac{|U_{AF}(f)|^2}{50\,\Omega} . \tag{4.9}$$

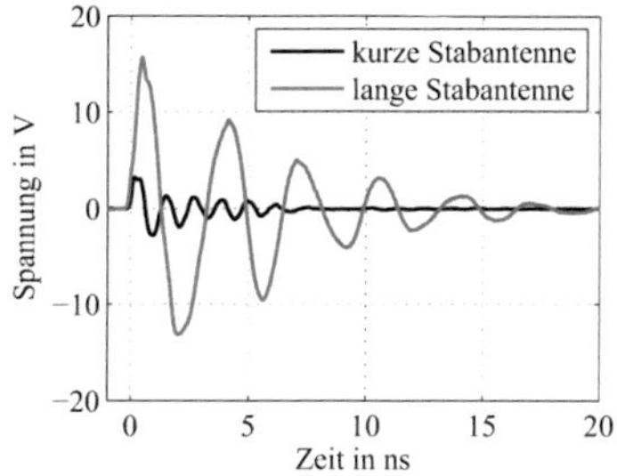

(a) Zeitbereich $u_{AF}(t)$

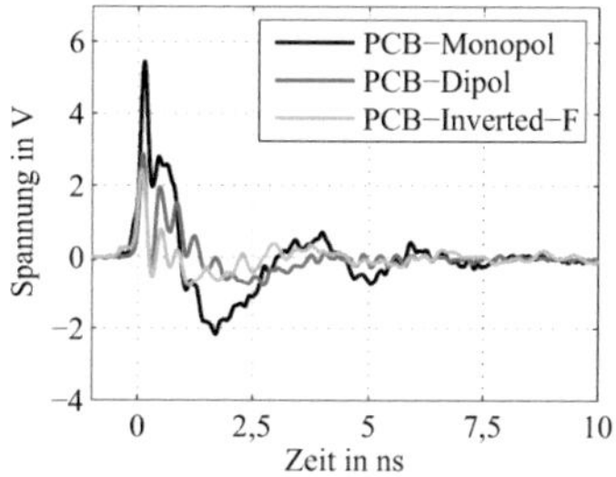

(b) Zeitbereich $u_{AF}(t)$

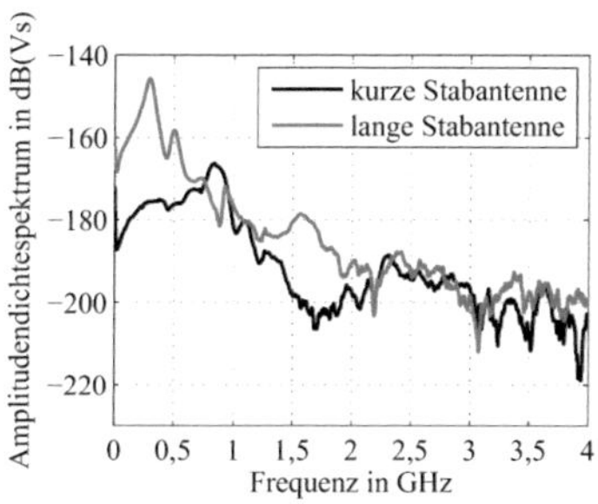

(c) Frequenzbereich $U_{AF}(f)$

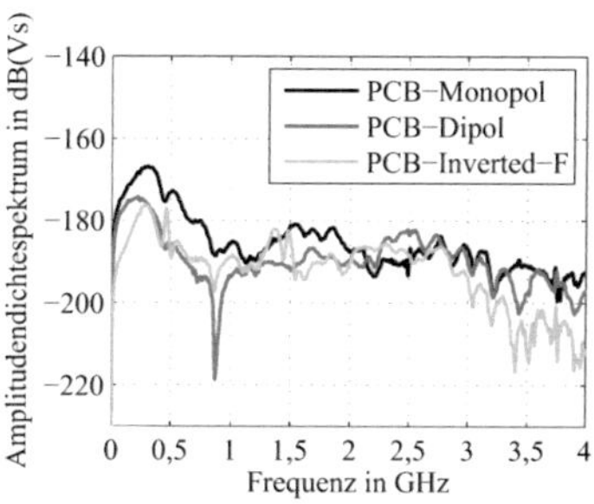

(d) Frequenzbereich $U_{AF}(f)$

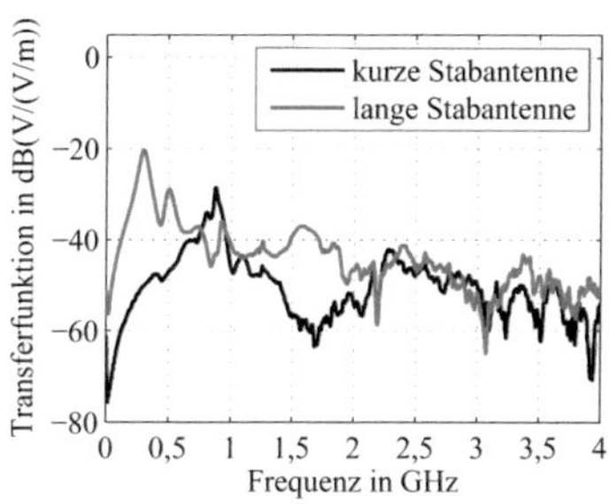

(e) Transferfunktion $T(f)$ nach Gleichung (4.8)

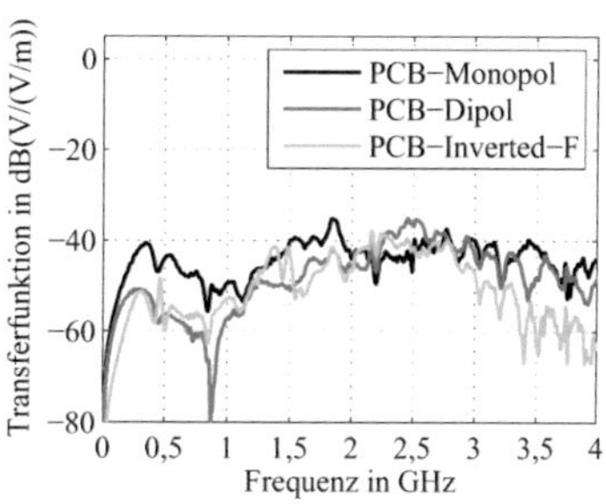

(f) Transferfunktion $T(f)$ nach Gleichung (4.8)

Abbildung 4.16: *Antennenfußpunktspannungen der untersuchten Antennen im Zeit- und Frequenzbereich ((a)-(d)), hervorgerufen durch die Einkopplung des UWB-Feldimpulses nach Abbildung 4.5(a) mit einer elektrischen Spitzenfeldstärke von 1 kV/m. Die daraus berechnete Transferfunktion nach Gleichung (4.8) ist in Abbildung (e) und (f) dargestellt.*

Die Berechnung der eingekoppelten Energie im 2,4-GHz-ISM-Frequenzband $W_{f_1=2{,}4\,\mathrm{GHz}, f_2=2{,}4835\,\mathrm{GHz}}$ erfolgt über

$$W_{f_1=2{,}4\,\mathrm{GHz}, f_2=2{,}4835\,\mathrm{GHz}} = \int_{f_1}^{f_2} \frac{|U_{\mathrm{AF}}(f)|^2}{50\,\Omega}\, df \,. \tag{4.10}$$

Tabelle 4.7: *Zusammenfassung der Ergebnisse von eingekoppelten UWB-Feldimpulsen mit einer elektrischen Spitzenfeldstärke von 1 kV/m in die untersuchten Antennen*

Antennentyp	Spitzen-amplitude $U_{\mathrm{AF,max}}$	Haupt-frequenz f_{R}	eingekoppelte Gesamtenergie W_{Gesamt}	eingekoppelte Energie im 2,4-GHz-ISM-Frequenzband $W_{f_1=2{,}4\,\mathrm{GHz}, f_2=2{,}4835\,\mathrm{GHz}}$
kurze Stabant.	3,3 V	840 MHz	$2{,}1 \cdot 10^{-10}$ J	$0{,}2 \cdot 10^{-12}$ J
lange Stabant.	15,7 V	300 MHz	$1{,}0 \cdot 10^{-8}$ J	$0{,}4 \cdot 10^{-12}$ J
PCB-Monopol	5,4 V	300 MHz	$2{,}4 \cdot 10^{-10}$ J	$0{,}3 \cdot 10^{-12}$ J
PCB-Dipol	2,8 V	220 MHz	$0{,}5 \cdot 10^{-10}$ J	$1{,}6 \cdot 10^{-12}$ J
PCB-Inverted-F	2,4 V	280 MHz	$0{,}3 \cdot 10^{-10}$ J	$0{,}6 \cdot 10^{-12}$ J

Der Spitzenwert der Antennenfußpunktspannung tritt bei der langen Stabantenne mit 15,7 V auf und ist damit im Vergleich zu den Werten der anderen Antennentypen drei- bis fünfmal größer. Die wesentlich angeregte Frequenz bei allen Antennen befindet sich nicht innerhalb des 2,4-GHz-ISM-Frequenzbandes, sondern für die Streifenleiterantennen und die lange Stabantenne in einem Bereich von 200 bis 300 MHz. Für die kurze Stabantenne liegt die wesentlich angeregte Frequenz bei 840 MHz. Angeregte Frequenzen um 2,4 GHz treten nicht in den Vordergrund, da die geometrischen Dimensionen der Antennen diese Hauptfrequenzen über die geometrische Resonanz bestimmen.

Die eingekoppelte Gesamtenergie erreicht ebenfalls bei der langen Stabantenne ihren größten Wert. Dieses deckt sich mit den Erkenntnissen aus Abbildung 4.16(a) und 4.16(b), da der Spannungsverlauf des eingekoppelten UWB-Feldimpulses sowohl die größten Spitzenspannungen als auch die längste eingekoppelte Pulsdauer aufweist. Der Vergleich der eingekoppelten Energie im 2,4-GHz-ISM-Frequenzband zeigt, dass die eingekoppelte Energie in alle Antennen (bis auf den PCB-Dipol) einen ähnlichen Wert aufweisen.

4.4.4 Frontdoor-Kopplung von S-Band-Radarimpulsen

Die Einkopplungsvorgänge durch einen Radarimpuls werden in diesem Abschnitt durch die Einkopplung eines S-Band-Impulsradars mit einer Mittenfrequenz von 3,05 GHz betrachtet. Dazu wird der in Abbildung 4.15 bekannte Untersuchungsaufbau genutzt, wobei die UWB-Impulsquelle durch die gepulste Radarquelle aus Abbildung 4.6 ersetzt wird. Die jeweiligen Ausrichtungen der einzelnen Antennen innerhalb der GTEM-Zelle ist identisch zu den Ausrichtungen der Antennen aus Abschnitt 4.4.3.

Da es sich bei der genutzten Radarimpulsquelle um ein schmalbandiges Störsignal handelt und die Einkopplung in die Antennen einem linearen Verhalten folgt, ist der wesentliche Parameter der Einkopplung eines Radarimpulses die am Antennenfußpunkt hervorgerufene Spitzenspannungsamplitude $u_{\mathrm{AF,max}}$. Ein Vergleich der jeweiligen Spitzenspannungsamplituden ist in Tabelle 4.8 gegenübergestellt und zeigt, dass die größte Spitzenspannungsamplitude mit 10 V bei der Monopolantenne erreicht wird. Die anderen Antennen besitzen eine Spitzenspannungsamplitude von 3,2 bis 4,9 V und sind damit zwei- bis dreimal kleiner. Darüber hinaus sind die jeweiligen Eingangsreflexionsparameter S_{11} bei 3,05 GHz in Tabelle 4.8 zusammengefasst. Während die PCB-Monopolantenne dabei mit -9 dB den kleinsten Wert besitzt, weisen die anderen Antennentypen mit -2 bis -3 dB den größten Wert auf. Dieses bestätigt das Verhalten der eingekoppelten Spitzenspannungsamplitude am Antennenfußpunkt bei den durchgeführten Einkopplungsuntersuchungen.

Tabelle 4.8: *Spitzenspannungsamplitude $u_{AF,max}$ der Antennenfußpunktspannung unterschiedlicher Antennen, hervorgerufen durch einen eingekoppelten S-Band-Radarimpuls mit einer elektrischen Spitzenfeldstärke von 1 kV/m und einer Frequenz von 3,05 GHz. Der Eingangsreflexionsparameter S_{11} der jeweiligen Antennen (vgl. Abbildung 4.10) ist zum Vergleich bei einer Frequenz von 3,05 GHz angegeben.*

Antennentyp	Spitzenspannungsamplitude $u_{\mathrm{AF,max}}$	Eingangsreflexionsparameter S_{11} bei 3,05 GHz
lange Stabantenne	4,1 V	-3 dB
kurze Stabantenne	3,2 V	-2 dB
PCB-Monopol	10,0 V	-9 dB
PCB-Dipol	4,9 V	-3 dB
PCB-Inverted-F	4,4 V	-3 dB

4.5 Einkopplungsvorgänge durch Backdoor-Kopplung

Die Betrachtung der Backdoor-Kopplung ist innerhalb dieses Abschnittes auf die Einkopplungsvorgänge an USB-Modulen zur drahtlosen Übertragung beschränkt. Wie in Abschnitt 4.1.2 erwähnt, ist die Backdoor-Kopplung von mehreren Faktoren des Gesamtsystems abhängig und nicht direkt vom verwendeten drahtlosen Übertragungsstandard selbst. Es werden daher exemplarisch die Einkopplungen auf die Versorgungs- und

Datenleitungen von typischen USB-Modulen für die drahtlose Datenübertragung im 2,4-GHz-ISM-Frequenzband untersucht. Die Ergebnisse werden anschließend mit den durch die vom USB-Standard gegebenen Standardparametern verglichen, wodurch eine Abschätzung der Auswirkungen gegeben werden kann.

Abbildung 4.17 zeigt den elektronischen Aufbau von typischen USB-Modulen für Bluetooth und Wireless LAN. Es fällt auf, dass alle USB-Module einen sehr identischen Aufbau besitzen: das untere Ende der Module ist durch den USB-Stecker geprägt, am oberen Ende des Moduls befindet sich eine Streifenleiterantenne und im mittleren Abschnitt die gesamte Elektronik. Die Dimensionen der USB-Module sind relativ ähnlich.

Abbildung 4.17: *Übersicht verschiedener USB-Module für die Nutzung zur drahtlosen Datenübertragung durch Bluetooth und Wireless LAN*

Analog zu den untersuchten Antennen aus Abschnitt 4.4, wird die Abstrahlung der USB-Module dazu benutzt, die maximale Einkopplung in diese Module zu bestimmen. Dazu wird im Folgenden die Abstrahlung der USB-Module mit der theoretischen Abstrahlung eines Hertz'schen Dipols verglichen. Die Abstrahlungsuntersuchungen werden, nach Vorstellung des USB-Standards, in den folgenden Unterabschnitten für einige USB-Module exemplarisch wiedergegeben, wobei weitere Abstrahlungsuntersuchungen [88] entnommen werden können. Die aus den Abstrahlungsuntersuchungen gewonnenen Ergebnisse werden in den darauf folgenden Unterabschnitten genutzt, um die Auswirkungen bei USB-Modulen durch Backdoor-Kopplung von UWB-Feldimpulsquellen sowie S-Band-Radarquellen abzuschätzen.

4.5.1 USB - Universal Serial Bus

Der USB-Standard [89] spezifiziert ein serielles Bussystem, durch das bis zu 127 Geräte angesprochen werden können. Der USB-Standard ist heutzutage der meist etablierte Standard zum Anschluss von Peripheriegeräten (z.B. Drucker, Scanner, Mäuse, drahtlose Datenübertragungsmodule oder Datenspeicher) an PCs. Innerhalb des USB-Standards der Version 2.0 wird zwischen drei verschiedenen Übertragungsmodi unterschieden:

- USB high-speed mit 480 Mbit/s,
- USB full-speed mit 12 Mbit/s und
- USB low-speed mit 1,5 Mbit/s.

Im spezifizierten USB-Anschluss der Version 2.0 sind vier elektrische Anschlüsse vorhanden: Zwei Datenleitungen (Data+ und Data-), welche eine differentielle Datenübertragung nutzen und zwei Versorgungsleitungen (VCC und GND), wobei die Spannung des VCC-Leiters von 4,40 bis 5,25 V angegeben ist. Die Spannungspegel auf den Kommunikationsleitungen hängen von den zuvor beschriebenen Übertragungsraten ab. Bei USB full-speed oder USB low-speed werden für eine Pegeländerung ±200 mV Spannungsdifferenz zwischen den differentiellen Datenleitungen benötigt. Im USB high-speed Modus müssen darüber hinaus spezielle Augendiagramme eingehalten werden, wodurch der USB high-speed Modus schon bei kleineren Störpegeln störanfälliger als die anderen beiden Modi ist.

4.5.2 Abstrahlung von USB-Modulen drahtloser Übertragungssysteme

Die Abstrahlung von USB-Modulen zur drahtlosen Übertragung wird in früheren Untersuchungen (vgl. [90]) mit der Abstrahlung eines Hertz'schen Dipols approximiert. Zur Verifizierung dieser Aussage wird in diesem Unterabschnitt die Abstrahlung von typischen USB-Modulen zur drahtlosen Übertragung über Bluetooth und Wireless LAN untersucht und mit der Abstrahlung eines Hertz'schen Dipols verglichen.

4.5.2.1 Der Hertz'sche Dipol

Der Hertz'sche Dipol ist ein im Vergleich zur Wellenlänge λ kurzer elektromagnetischer Strahler der Länge Δz [78], wobei

$$\Delta z \ll \lambda/4 \tag{4.11}$$

gilt.

Dem Hertz'schen Dipol ist ein komplexer Strom I_0 aufgeprägt. Bei Betrachtung dieses Strahlers in kartesischen Koordinaten $(\vec{e}_x, \vec{e}_y, \vec{e}_z)$, wobei der Hertz'sche Dipol entlang $\vec{e}_z$ ausgerichtet ist, wird das elektromagnetische Feld im Fernfeld unter der Bedingung des normierten Abstandes nach Gleichung (4.6) in einem Kugelkoordinatensystem $(\vec{e}_r, \vec{e}_\theta, \vec{e}_\varphi)$ durch

$$E_\theta = I_0 \Delta z \frac{\mu}{4\pi} \frac{e^{-j\beta_0 r}}{r} j\omega \sin\theta \quad \text{und} \tag{4.12}$$

$$H_\varphi = I_0 \Delta z \frac{1}{4\pi} \frac{e^{-j\beta_0 r}}{r} j\beta_0 \sin\theta \tag{4.13}$$

beschrieben wird. Alle weiteren elektrischen und magnetischen Feldgrößen (E_r, E_φ, H_r, H_θ) sind idealerweise Null. Es ergibt sich im Fernfeld das in Abbildung 4.18(a) allgemein bekannte Strahlungsfeld des Hertz'schen Dipols in Torusform. Weiterhin ist die Abstrahlcharakteristik eines Hertz'schen Dipols über leitender Ebene in Abbildung 4.18(b) gegeben, um den direkten Vergleich zum verwendeten Untersuchungsaufbau wiederzuspiegeln. Ergänzend zur Abbildung 4.18(a) ist zu erkennen, dass durch die reflektierende x-y-Ebene eine zusätzliche Abstrahlung als Nebenkeule bei dieser Anordnung existiert.

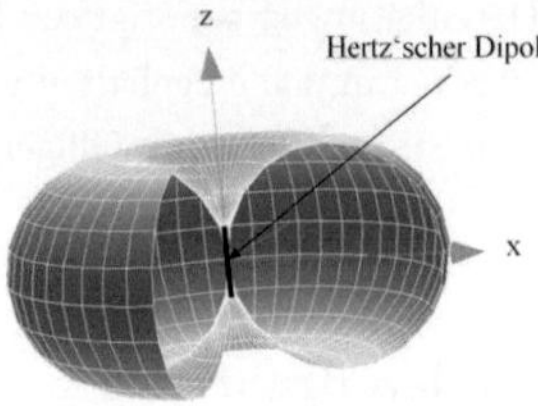

(a) Abstrahlungscharakteristik im Freifeld

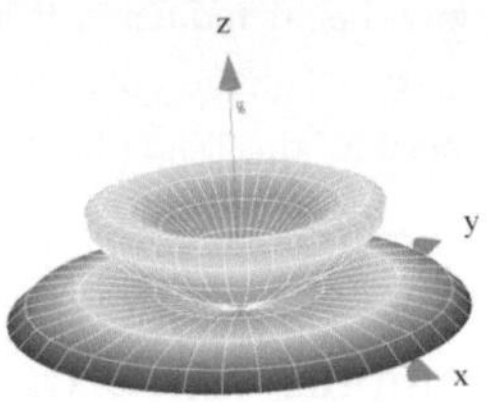

(b) Abstrahlungscharakteristik über leitender Ebene

Abbildung 4.18: *Mit Concept II [91] simulierte Abstrahlungscharakteristik eines Hertz'schen Dipols im Freifeld (a) und über leitender Ebene (b). Der Dipol ist bei beiden Abbildungen im Koordinatenursprung entlang der z-Achse orientiert.*

Bei Betrachtung der USB-Module aus Abbildung 4.17 fällt auf, dass die Module mit einer ungefähren Länge von ca. 6 cm nicht die Bedingung aus Gleichung (4.11) erfüllen (bei 2,4 GHz ist $\Delta z \approx 3$ cm). Die Bestätigung der Annahme eines Hertz'schen Dipols liefern die nachfolgenden Abstrahlungsuntersuchungen an typischen USB-Modulen.

4.5.2.2 Untersuchungsaufbau

Die Abstrahlungsuntersuchung der USB-Module wird mit dem Kugelkoordinatenscanner aus Abbildung 4.12 durchgeführt. Während für den Aufbau die leitende Ebene in x-y-Richtung ausgerichtet wird, sind die USB-Module in positive z-Richtung aufgestellt worden. Die Sendeleistung der USB-Module ist mit maximal 100 mW für Wireless LAN-Module sowie Bluetooth-Module der Leistungsklasse I wesentlich geringer als bei den Untersuchungen an den Antennen aus Abschnitt 4.4. Dies führt dazu, dass zur Steigerung der Empfindlichkeit bei diesen Untersuchungen ein elektrischer Dipol in Kombination mit einem Spektrumanalysator verwendet wird. Der Dipol zur Aufnahme des elektrischen

Feldes ist in einem Abstand von $r = 70$ cm zum USB-Modul angebracht und befindet sich daher nach Gleichung (4.7) im Fernfeld der elektromagnetischen Quelle.

4.5.2.3 Ergebnisse der Abstrahlungsuntersuchungen

Die Ergebnisse der Abstrahlungsuntersuchungen mit dem Kugelkoordinatenscanner sind in den Abbildungen 4.19 und 4.20 für eine Sendeleistung von 100 mW zusammengefasst. Abbildung 4.19 zeigt für die Bluetooth-USB-Module I und III aus Abbildung 4.17 jeweils auf der linken Seite die gemessene elektrische Spitzenfeldstärke in V/m auf der Messhalb-

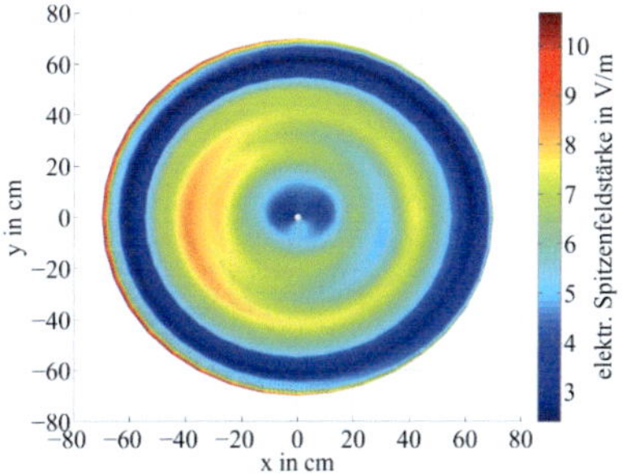

(a) *Verteilung der elektrischen Spitzenfeldstärke auf einer Halbkugel mit $r = 70$ cm, erzeugt durch das Bluetooth-USB-Modul I*

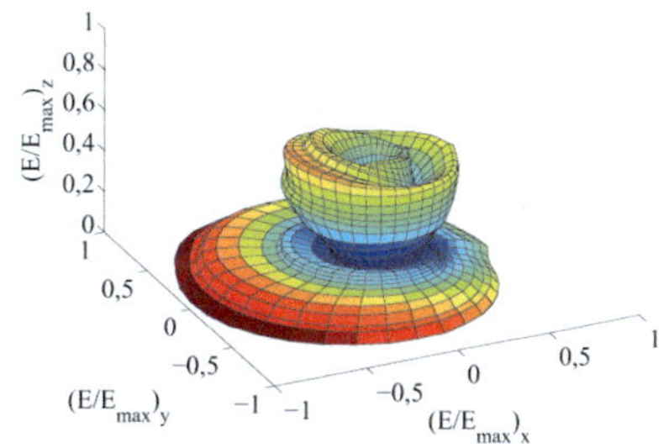

(b) *Resultierendes Strahlungsdiagramm des Bluetooth-USB-Moduls I*

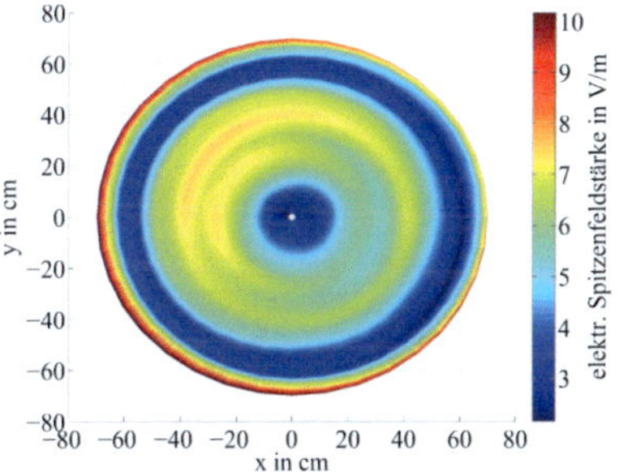

(c) *Verteilung der elektrischen Spitzenfeldstärke auf einer Halbkugel mit $r = 70$ cm, erzeugt durch das Bluetooth-USB-Modul III*

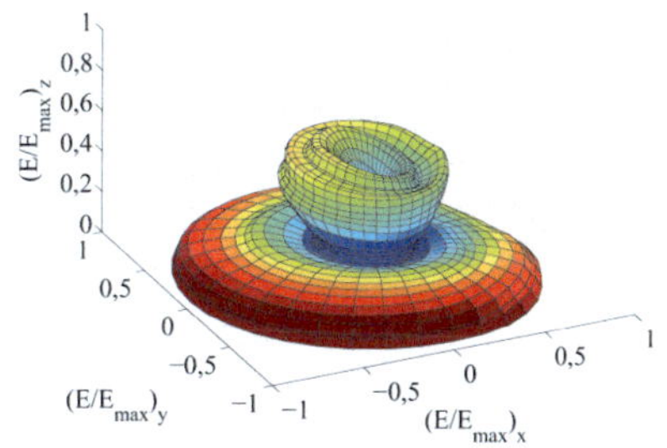

(d) *Resultierendes Strahlungsdiagramm des Bluetooth-USB-Moduls III*

Abbildung 4.19: *Verteilung der elektrischen Spitzenfeldstärke und resultierendes Strahlungsdiagramm der untersuchten USB-Bluetooth-Module I und III aus Abbildung 4.17* kugel und auf der rechten Seite die daraus resultierenden Abstrahlungscharakteristiken im 2,4-GHz-ISM-Frequenzband. Analog sind die Ergebnisse der Abstrahlungsuntersuchungen für zwei Wireless LAN-USB-Module in Abbildung 4.20 zu finden.

Die Abstrahlung der beiden untersuchten Bluetooth-USB-Module ähneln sich sehr stark in ihrer Hauptabstahlungsrichtung als auch in der Abstrahlungsstärkeverteilung. Auch die Abstrahlung des Hertz'schen Dipols aus Abbildung 4.18(b) weist eine große Ähnlichkeit auf. Die maximal auftretenden elektrischen Spitzenfeldstärken sind bei beiden drahtlosen USB-Modulen ungefähr 10 V/m.

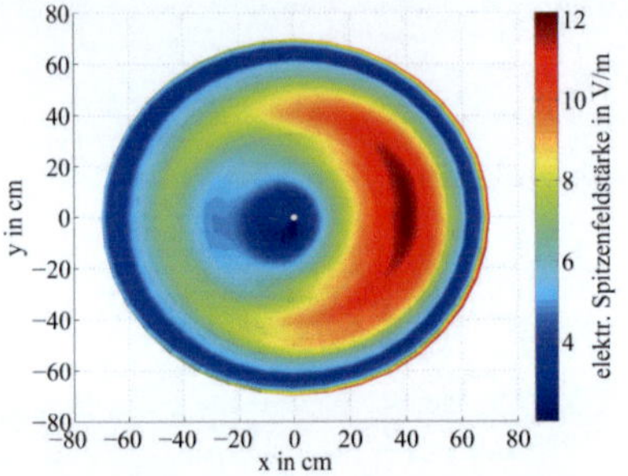

(a) Verteilung der elektrischen Spitzenfeldstärke auf einer Halbkugel mit r = 70 cm, erzeugt durch das Wireless LAN-USB-Modul I

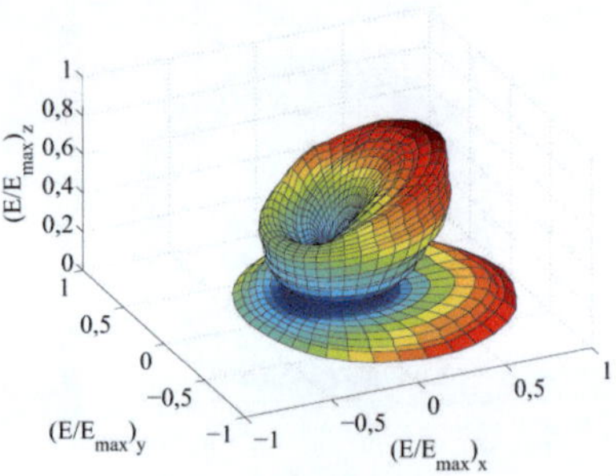

(b) Resultierendes Strahlungsdiagramm des Wireless LAN-USB-Moduls I

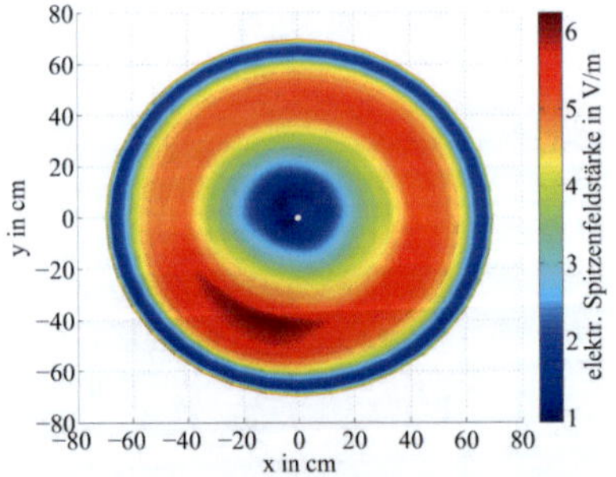

(c) Verteilung der elektrischen Spitzenfeldstärke auf einer Halbkugel mit r = 70 cm, erzeugt durch das Wireless LAN-USB-Modul II

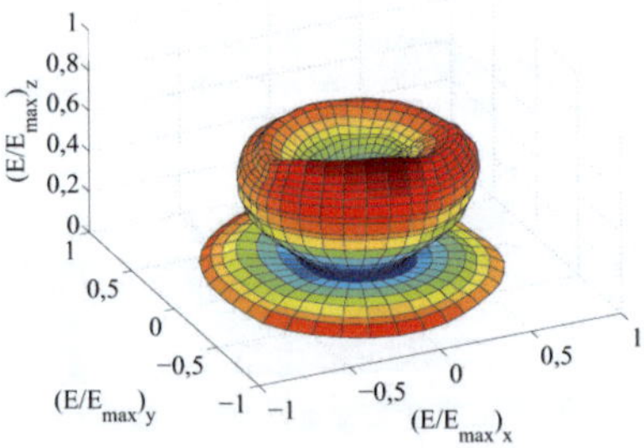

(d) Resultierendes Strahlungsdiagramm des Wireless LAN-USB-Moduls II

Abbildung 4.20: *Verteilung der elektrischen Spitzenfeldstärke und resultierendes Strahlungsdiagramm der untersuchten Wireless LAN-USB-Modulen aus Abbildung 4.17*

Die Abstrahlung der untersuchten Wireless LAN-Module liefert im Vergleich zum Hertz'schen Dipol ein ähnliches Verhalten in der Abstrahlungscharakteristik. Jedoch weist die Strahlungscharakteristik des Wireless LAN-Moduls I in Abbildung 4.20(b) eine Gewichtung in die positive x-Richtung auf. Die maximal erreichten elektrischen Spitzenfeldstärken sind bei beiden Modulen unterschiedlich. Während das Wireless LAN-USB-Modul I elektrische Spitzenfeldstärken von bis zu 12 V/m erzeugt, werden beim Wireless LAN-USB-Modul II nur 6 V/m erreicht. Es zeigt sich jedoch auch hier eine ähnliche Abstrahlungscharakteristik wie beim Hertz'schen Dipol aus Abbildung 4.18(b).

Zusammenfassend ist die Abstrahlungscharakteristik der untersuchten drahtlosen USB-Module sehr ähnlich zu der Abstrahlungscharakteristik eines Hertz'schen Dipols, so dass für die folgenden Einkopplungsuntersuchungen in diese drahtlosen USB-Module näherungsweise von einem Hertz'schen Dipol ausgegangen werden kann.

4.5.3 Backdoor-Kopplung von UWB-Feldimpulsen

Aufbauend auf der im vorigen Abschnitt bestätigten Annahmen der Abstrahlung von drahtlosen USB-Modulen ähnlich zu Hertz'schen Dipolen werden in diesem Abschnitt die Einkopplungsuntersuchungen von UWB-Feldimpulsen diskutiert. Dabei werden die Spannungsverläufe gezeigt, die durch Einkopplung eines UWB-Feldimpulses auf den Daten- und Versorgungsleitungen des USB-Moduls hervorgerufen werden.

In Abbildung 4.21 ist der für die Untersuchung der Backdoor-Kopplung von UWB-Feldimpulsen verwendete Messaufbau wiedergegeben. Es handelt sich um einen Messaufbau analog zur Untersuchung der Frontdoor-Kopplung aus Abbildung 4.15. Die USB-Module werden in USB-Verbindungselemente platziert, die im Boden der GTEM-Zelle

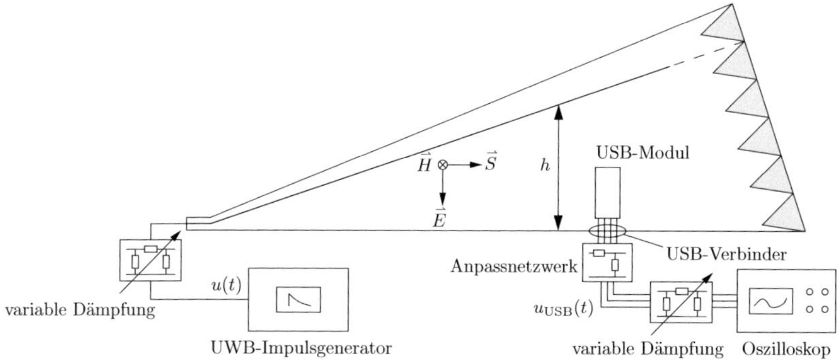

Abbildung 4.21: *Schematischer Messaufbau zur Einkopplung von UWB-Feldimpulsen in Bluetooth- und Wireless LAN-USB-Module*

eingelassen sind. Es wird dadurch beispielsweise das direkte Einstecken der USB-Module in USB-Schnittstellen nachgebildet. Bei Verwendung eines zusätzlichen USB-Kabels können die eingekoppelten Spannungen deutlich größer ausfallen (vgl. [92]). Die Ausrichtung der Module erfolgt auf Basis der im vorigen Abschnitt gewonnenen Erkenntnisse über deren Abstrahlungscharakteristik. Die Aufnahme der Signalverläufe auf den Daten- und Versorgungsleitungen erfolgt über ein Anpassnetzwerk zur Anpassung der USB-Schnittstelle an das 50-Ω-System des verwendeten Messempfängers. Eine ausführliche Beschreibung dieses Anpassnetzwerkes liefert [89].

Die zeitlichen Spannungsverläufe der eingekoppelten UWB-Feldimpulse $u_{\mathrm{USB}}(t)$ sind in den Abbildungen 4.22(a) und 4.22(b) für das Bluetooth-USB-Modul I und das Wireless LAN-USB-Modul I zusammengefasst. Dabei sind die Verläufe der eingekoppelten Spannungen auf den Versorgungsleitungen $u_{\mathrm{VCC}}(t)$ und den Datenleitungen $u_{\mathrm{Data}}(t)$ angegeben, die für einen UWB-Feldimpuls mit der elektrischen Spitzenfeldstärke von 1 kV/m hervorgerufen werden.

Beim Wireless LAN-USB-Modul wird durch die Einkopplung auf den Versorgungsleitungen eine Spitzenspannungsamplitude von bis zu ±2 V erreicht, beim Bluetooth-USB-Modul sind diese Spannungen mit maximal ±0,75 V ungefähr halb so groß. Der Vergleich mit dem USB-Standard [89] zeigt, dass bei Einkopplung der UWB-Feldimpulse somit schon ab einigen kV/m mit Störpegeln auf den Versorgungsleitungen zu rechnen ist, die die spezifizierten Versorgungsspannungen von 4,40 V bis 5,25 V übersteigen können und damit auch Störungen hervorrufen können.

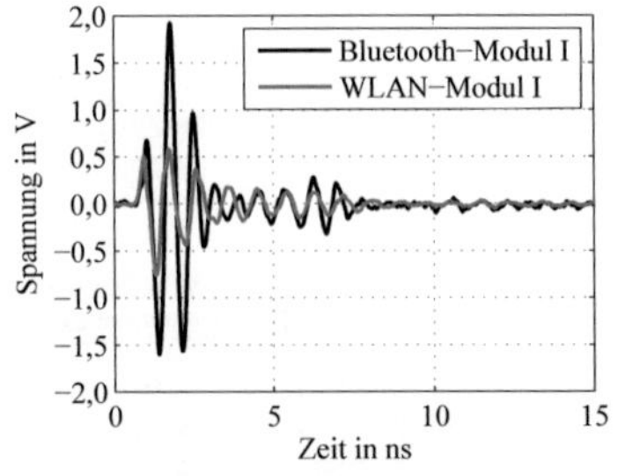

(a) eingekoppelte Spannung $u_{VCC}(t)$ auf der Versorgungsleitung im Zeitbereich

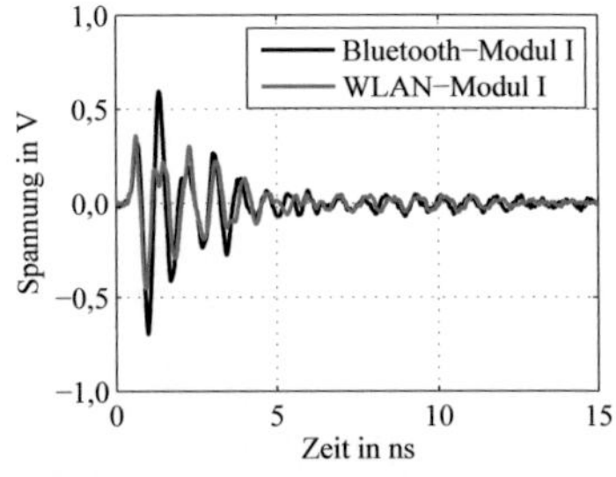

(b) eingekoppelte Spannung $u_{\mathrm{Data}}(t)$ auf der Datenleitung im Zeitbereich

Abbildung 4.22: *Eingekoppelte Spannungsverläufe eines UWB-Feldimpulses mit der Spitzenfeldstärke von 1 kV/m in die Versorgungs- und Datenleitungen von des Bluetooth-USB-Moduls I und des Wireless LAN-USB-Moduls I aus Abbildung 4.17*

Die auf den Datenleitungen der untersuchten drahtlosen USB-Module eingekoppelten Spannungen erreichen Spitzenamplituden von bis zu ±600 mV beim Wireless LAN-USB-Modul und bis zu ±400 mV beim Bluetooth-USB-Modul. Diese Spannungsamplituden übersteigen die spezifizierten Werte der Datenleitungen beim USB full-speed-Modus und können auf diese Weise die Kommunikation über die USB-Schnittstelle beeinflussen.

In den Abbildungen 4.23(a) und 4.23(b) sind die mit Hilfe der Fouriertransformierten berechneten Amplitudendichtespektren zu Abbildung 4.22 dargestellt. Weiterhin sind in den Abbildungen 4.23(c) und 4.23(d) die resultierende Systemtransferfunktionen $T(f)$ nach Gleichung (4.8) wiedergegeben.

Das Amplitudendichtespektrum der eingekoppelten Signale auf Versorgungs- und Datenleitungen zeigt die durch die Einkopplung hervorgerufenen wesentlichen Frequenzan-

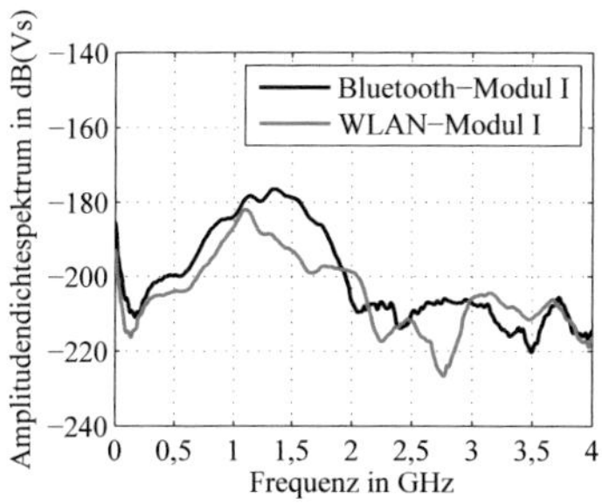

(a) eingekoppelte Spannung $U_{VCC}(f)$ auf der Versorgungsleitung im Frequenzbereich

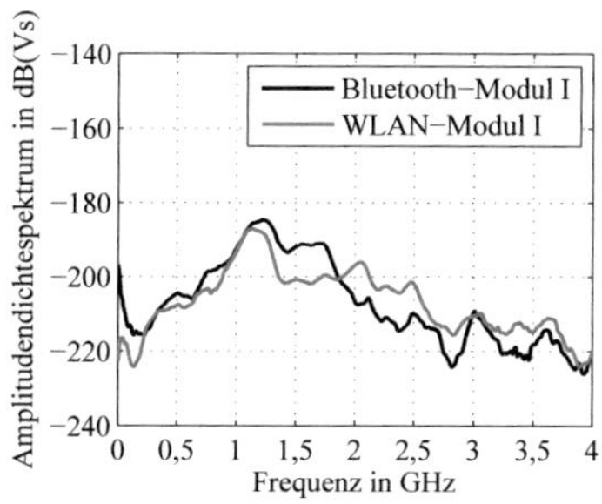

(b) eingekoppelte Spannung $U_{\mathrm{Data}}(f)$ auf der Datenleitung im Frequenzbereich

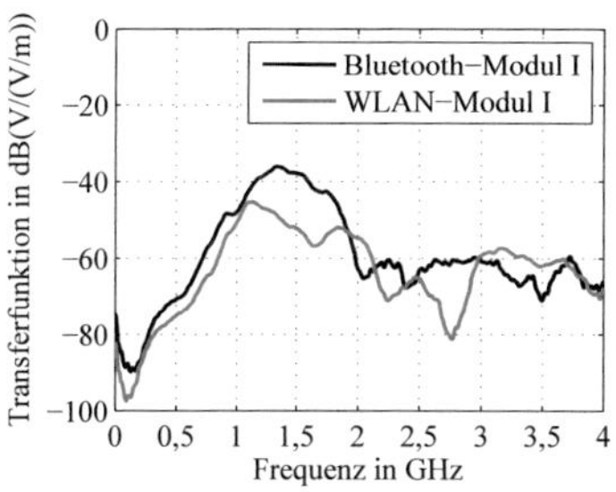

(c) Systemtransferfunktion $T_{VCC}(f)$

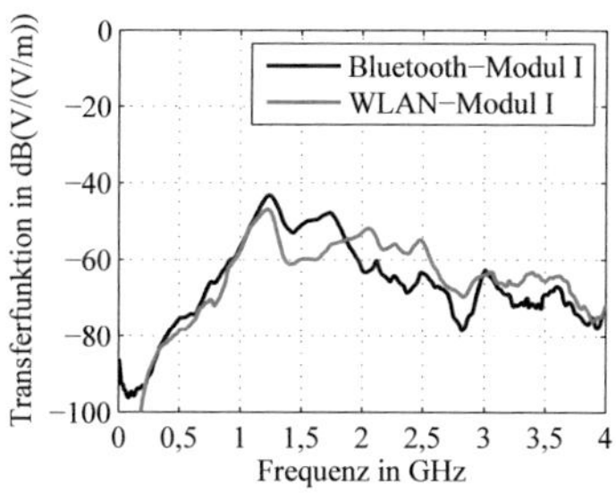

(d) Systemtransferfunktion $T_{\mathrm{Data}}(f)$

Abbildung 4.23: *Zu Abbildung 4.22 berechnetes Amplitudendichtespektrum der eingekoppelten UWB-Impulse in die untersuchten USB-Module aus Abbildung 4.17 ((a) und (b)). Weiterhin sind in (c) und (d) die analog zu Gleichung (4.8) berechneten Systemtransferfunktionen wiedergegeben.*

teile und gibt für beide USB-Module eine maximale Einkopplung bei Frequenzen von knapp über 1 GHz an. Dieses Verhalten resultiert hauptsächlich durch die Geometrie der USB-Module. Darüber hinaus ist bei Betrachtung der Systemtransferfunktion das bereits aus Abbildung 4.2 nach [25] beschriebene Verhalten deutlich erkennbar: ein linearer Anstieg der Systemtransferfunktion bis über 1 GHz sowie das resonante Verhalten für Frequenzen über 1 GHz ist in allen Systemtransferfunktion in ähnlicher Weise zu erkennen. Die Berechnung der unteren Grenzfrequenz f_1 nach Gleichung (4.1) ergibt mit einer maximalen geometrischen Systemabmessung $l_{\max}$ von ungefähr 6 cm einen Wert von $f_1 = 1{,}1$ GHz und spiegelt damit das Verhalten der theoretischen Systemtransferfunktion wieder.

Die Auswirkung von eingekoppelten UWB-Feldimpulsen auf USB-Datenleitungen wird ausführlich in [26] beschrieben. Dabei sind geeignete Schutzmaßnahmen sowie deren Wirkungen vorgestellt worden, die eine potentielle Gefährdung durch UWB-Feldimpulse reduzieren und auch hier Anwendung zum Schutz der Übertragung finden können.

4.5.4 Backdoor-Kopplung von S-Band-Radarimpulsen

Aufgrund der Linearität und der Schmalbandigkeit der S-Band-Radarquelle wird für die Untersuchung der Backdoor-Kopplung von S-Band-Radarimpulsen die erreichte Maximalamplitude der eingekoppelten Spannung an den Versorgungs- und Datenleitungen untersucht. Der verwendete Untersuchungsaufbau ist zu dem Untersuchungsaufbau aus Abschnitt 4.5.3 nahezu identisch. Abweichend wird jedoch der Impulsgenerator der Radarstörquelle aus Abschnitt 4.3.2 verwendet.

Die bei diesen Untersuchungen aufgezeichneten Maximalamplituden an den Daten- und Versorgungsleitungen zweier USB-Module sind in der Tabelle 4.8 zusammengefasst. Dabei ist der S-Band-Radarimpuls mit einer Frequenz von 3,05 GHz und einer elektrischen Spitzenfeldstärke von 1 kV/m angegeben.

Tabelle 4.9: *Spitzenspannungsamplituden an den USB-Anschlussleitungen der untersuchten drahtlosen USB-Module, hervorgerufen durch einen eingekoppelten S-Band-Radarimpuls mit einer elektrischen Spitzenfeldstärke von 1 kV/m und einer Frequenz von 3,05 GHz*

USB-Anschlussleitung	Modultyp	Spitzenspannungs-amplitude $u_{\max}$
Datenleitung	Wireless LAN-USBModul I	0,7 V
	Bluetooth-USB-Modul I	0,6 V
Versorgungsleitung	Wireless LAN-USBModul I	1,0 V
	Bluetooth-USB-Modul I	1,1 V

Während die Spannungsamplituden auf den Versorgungsleitungen ungefähr 1 bis 1,1 V erreichen, werden auf den Datenleitungen von beiden drahtlosen USB-Modulen Spitzenamplituden von ungefähr 0,6 bis 0,7 V durch den S-Band-Radarimpuls hervorgerufen. Im Vergleich zur USB-Spezifikation [89] ist auch durch diese Einkopplung eine Störung der USB-Übertragung bei wenigen kV/m potentiell möglich.

4.6 Zusammenfassung

Die vorigen Abschnitte geben eine Übersicht und eine Abschätzung der möglichen Kopplungspfade in drahtlose Übertragungssysteme. Dabei sind die zwei Hauptkoppelpfade in Form von Frontdoor- und Backdoor-Kopplung analysiert worden. Die Frontdoor-Kopplung ist für die Einkopplung von UWB-Feldimpulsquellen und S-Band-Radarquellen sowohl für kommerzielle Stabantennen als auch für realisierte Streifenleiterantennen abgeschätzt worden. Die Backdoor-Kopplung ist für kommerzielle USB-Module zur drahtlosen Datenübertragung untersucht und die Auswirkungen mit dem USB-Standard verglichen worden.

Die Ergebnisse der Frontdoor-Kopplung werden in den folgenden Kapiteln benutzt, um die Beeinflussbarkeit drahtloser Übertragungssysteme aus dem 2,4-GHz-ISM-Frequenzband genauer zu analysieren. Dabei wird sich auf die Einkopplungen in die lange Stabantenne aus Abbildung 4.8 konzentriert, da diese sehr häufig in aktuellen drahtlosen Übertragungssystemen Einsatz findet und diese Antennen im Vergleich zu den anderen Antennen bei den Einkopplungsuntersuchungen in Abschnitt 4.4.3 die größte eingekoppelte Gesamtenergie aufweist.

Neben Variation der elektrischen Feldstärke von elektromagnetischen Feldimpulsen, werden zusätzlich in den Untersuchungen der folgenden Kapitel für UWB-Feldimpulsquellen die Variation der Pulswiederholfrequenz und für Radarimpulsquellen die Variation der Pulswiederholfrequenz und Pulsdauer betrachtet. Herstellerbedingt stellt die UWB-Feldimpulsquelle eine Pulswiederholfrequenz bis maximal 1 kHz zur Verfügung.

Tabelle 4.10: *Charakteristische Kenngrößen von ausgewählten Radarimpulstypen nach [67] als typische Vertreter für Impulsradare zur Untersuchung in den folgenden Kapiteln*

Radarimpulstyp	Frequenz	Pulsdauer	Pulswiederholfrequenz
I	3,05 GHz	80 ns	2 kHz
II	3,05 GHz	300 ns	1 kHz
III	3,05 GHz	1000 ns	0,5 kHz

Für die weiterführenden Impulsradaruntersuchungen werden, in Anlehnung an die Spezifikation eines kommerziellen S-Band-Radars [67], drei verschiedene Radarimpulstypen (I bis III) definiert, die in Tabelle 4.10 zusammenfasst sind.

Die in die lange Stabantenne eingekoppelten Spannungsverläufe eines einzelnen UWB-Feldimpulses und eines einzeln S-Band-Radarimpulses sind in Abbildung 4.24 für die definierten Feldimpulsquellen mit einer elektrischen Spitzenfeldstärke von 1 kV/m zusammengefasst und bilden die Grundlage für die Betrachtungen zur jeweiligen elektrischen Spitzenfeldstärke in den folgenden Kapiteln.

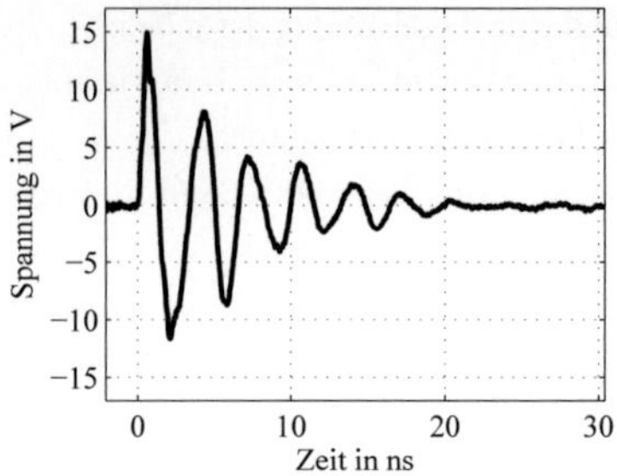

(a) In die lange Stabantenne eingekoppelter UWB-Feldimpuls mit einer elektrischen Spitzenfeldstärke von 1 kV/m

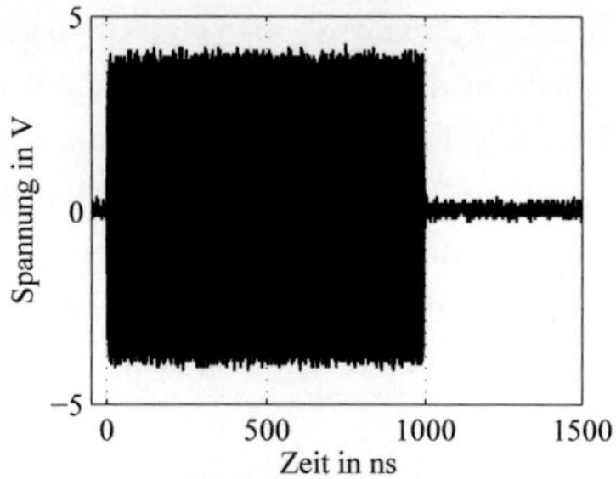

(b) In die lange Stabantenne eingekoppelter S-Band-Radarimpuls mit einer Pulsdauer von 1000 ns und einer elektrischen Spitzenfeldstärke von 1 kV/m

Abbildung 4.24: *Spannungsverläufe am Antennenfußpunkt der langen Stabantenne (siehe Abbildung 4.8), welche durch die Einkopplung von Feldimpulsen nach Abschnitt 4.3 hervorgerufen werden. Die elektrische Spitzenfeldstärke der beiden Ausgangsimpulse beträgt dabei jeweils 1 kV/m.*

5 Einflüsse im Basisband von drahtlosen Übertragungssystemen

Potentielle Störeinflüsse drahtloser Übertragungssysteme sind in Abbildung 2.2 über additive Störeinflüsse im Übertragungskanal definiert worden und sind im Empfänger des Übertragungssystems zu erkennen. Nachdem im vorigen Kapitel die Kopplungen von leistungsstarken elektromagnetischen Störquellen aus Kapitel 3 in typische Antennen aus dem 2,4-GHz-ISM-Frequenzband untersucht worden sind, werden innerhalb dieses Kapitels die Primäreffekte im Basisband untersucht. Es werden dabei die Auswirkungen der eingekoppelten Feldimpulse auf den Empfänger eines drahtlosen Übertragungssystems analysiert. Dazu werden die in Abschnitt 4.6 zusammengefassten Störimpulse verwendet und einem typischen Demodulator eines Empfängersystems für das 2,4-GHz-ISM-Frequenzband zugeführt. Dabei sind die Elemente des Empfängersystems möglichst einfach gehalten, um eine Analyse für die grundlegende Beschreibung der Auswirkungen durch leistungsstarke elektromagnetische Störquellen auf drahtlose Übertragungssysteme im 2,4-GHz-ISM-Frequenzband zu erzielen, so dass im anschließenden Kapitel die Sekundäreffekte auf drahtlose Übertragungssysteme anhand von kommerziellen Übertragungssystemen, wie Bluetooth und Wireless LAN, ausgeweitet werden können. Der Quadraturdemodulator, als typischer Demodulator für ein digitales Übertragungssystem, bildet die Basis für die folgenden Untersuchungen [93].

In den folgenden Abschnitten werden zuerst die theoretischen Grundlagen des idealen Quadraturmodulators und des idealen Quadraturdemodulators als Basiseinheit des Sender- und des Empfängersystems vorgestellt. Mit Hilfe dieser theoretischen Beschreibung wird im anschließenden Abschnitt die direkte Auswirkung der leistungsstarken elektromagnetischen Störungen auf den Demodulator untersucht. Dazu werden die eingekoppelten Störimpulse ohne das Vorhandensein von digital modulierten Signalen direkt einem typischen Quadraturdemodulator zugeführt. Anschließend werden die eingekoppelten Störimpulse digital modulierten Daten am Empfängereingang überlagert, um die Auswirkung auf diese Signale und deren Bedeutung für die weitere Verarbeitung nach dem Demodulator zu ermitteln. Abschließend werden auf Basis der ermittelten Ergebnisse die Einflüsse auf eine grundlegende Datenübertragung im 2,4-GHz-ISM-Frequenzband untersucht. Dazu werden mit Hilfe eines grundlegenden Übertragungssystems mit Quadraturmodulator und Quadraturdemodulator die Einflüsse auf die Bitfehlerrate (BER[1]) dieser Übertragungsstrecke analysiert [94, 95]. Die Ergebnisse dieser Untersuchungen werden abschließend zusammengefasst.

5.1 Quadraturmodulator und -demodulator

Die erste Aufgabe des digitalen Empfängers ist die Demodulation der über die Antenne empfangenen Signale, so dass anschließend die Nachrichten des Senders im Empfänger rekonstruiert werden können. Empfängerkonzepte für die Demodulation von digital modulierten Daten sind entweder auf die kohärente oder die inkohärente Demodulation ausgelegt [33]. Während für die kohärente Demodulation eine genaue Kenntnis der Trägerfrequenz und der Phasenlage des Empfangssignals vorhanden sein muss, wird bei der inkohärenten Demodulation diese Kenntnis nicht benötigt. In der Regel wird bei digitalen Übertragungssystemen im 2,4-GHz-ISM-Frequenzband auf die kohärente Demodulation zurückgegriffen, da diese ein wesentlich besseres Fehlerverhältnis der Übertragung gewährleistet [33]. Für die Benutzung linearer Modulationsverfahren ist der kohärente Empfänger typischerweise durch einen Quadraturdemodulator beschrieben, der im digitalen Sender durch den Quadraturmodulator ergänzt wird.

Der systemtheoretische Aufbau des Quadraturmodulators sowie des Quadraturdemodulators sind in Abbildung 5.1 jeweils in einem Blockschaltbild zusammengefasst und werden im Folgenden mathematisch detailliert erläutert.

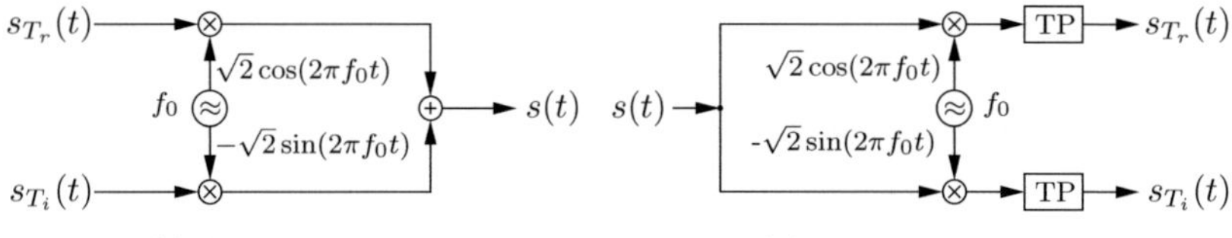

(a) *Quadraturmodulator* (b) *Quadraturdemodulator*

Abbildung 5.1: *Systemtheoretischer Aufbau des Quadraturmodulators und des Quadraturdemodulators zum Einsatz in digitalen Übertragungssystemen*

5.1.1 Quadraturmodulator

Der in Abbildung 5.1(a) dargestellte Quadraturmodulator verknüpft das komplexe Basisbandsignal $s_T(t)$, bestehend aus Inphasenkomponente $s_{T_r}(t)$ und Quadraturkomponente

[1]BER - *Bit Error Rate*

$s_{T_i}(t)$, mit der Trägerfrequenz f_0 zum übertragungsfähigen reellen Bandpasssignal $s(t)$. Die mathematische Beschreibung des komplexen Basisbandsignals $s_T(t)$ ist dabei gegeben durch

$$s_T(t) = s_{Tr}(t) + j \cdot s_{Ti}(t) \ . \tag{5.1}$$

Das reelle Bandpasssignal $s(t)$ wird durch das komplexe Basisbandsignal $s_T(t)$ über die Beziehung

$$s(t) = \sqrt{2} \cdot Re\{s_T(t) \cdot e^{j2\pi f_0 t}\} \tag{5.2}$$

dargestellt. Durch das Einsetzen von Gleichung (5.1) in Gleichung (5.2) ergibt sich für das reelle Bandpasssignal $s(t)$ durch

$$s(t) = \sqrt{2} \cdot Re\{s_{Tr}(t) \cdot e^{j2\pi f_0 t} + j \cdot s_{Ti}(t) \cdot e^{j2\pi f_0 t}\} \tag{5.3}$$

$$= \sqrt{2} \cdot [s_{Tr}(t) \cdot \cos(2\pi f_0 t) - s_{Ti}(t) \cdot \sin(2\pi f_0 t)] \ . \tag{5.4}$$

Schließlich liefert Gleichung (5.4) den mathematischen Hintergrund für das in Abbildung 5.1(a) beschriebene Blockschaltbild des Quadraturmodulators.

5.1.2 Quadraturdemodulator

Im Empfänger erfolgt die Demodulation über den in Abbildung 5.1(b) dargestellten Quadraturdemodulator, der bei Betrachtung des oberen Zweiges im Blockschaltbild den mathematischen Zusammenhang

$$s(t) \cdot \sqrt{2} \cdot \cos(2\pi f_0 t) = 2 \cdot [s_{Tr}(t) \cdot \cos^2(2\pi f_0 t) - s_{Ti}(t) \cdot \sin(2\pi f_0 t) \cos(2\pi f_0 t)] \tag{5.5}$$

aufweist. Gleichung (5.5) kann unter Ausnutzung von Additionstheoremen der trigonometrischen Funktionen zu

$$s(t) \cdot \sqrt{2} \cdot \cos(2\pi f_0 t) = s_{Tr}(t) \cdot [1 + \cos(4\pi f_0 t)] - s_{Ti}(t) \cdot \sin(4\pi f_0 t) \tag{5.6}$$

vereinfacht werden.

Idealerweise reduziert sich der rechte Term in Gleichung (5.6) durch eine geeignete Tiefpassfilterung allein zur Inphasenkomponente $s_{Tr}(t)$, da die höherwertigen Winkelfunktionsterme durch das Tiefpassfilter vor dem Empfängerausgang unterdrückt werden. Eine identische Formulierung wird bei Betrachtung des unteren Zweiges durchgeführt, wobei nach der Tiefpassfilterung eine Reduzierung zur Quadraturkomponente $s_{Ti}(t)$ resultiert. Dies zeigt, dass sowohl Inphasen- als auch Quadraturkomponenten im Empfänger durch den Quadraturdemodulator ideal rekonstruiert werden können.

5.2 Einfluss auf das Basisbandsignal eines digitalen Empfängersystems

Die Untersuchungen des Einflusses verschiedener leistungsstarker elektromagnetischer Störungen auf das Basisbandsignal eines digitalen Empfängersystems werden mit Hilfe eines typischen Quadraturdemodulators (AD8347 [96] auf dem Evaluierungsboard AD8347-EVAL, siehe Abbildung 5.2) der Firma Analog Devices durchgeführt. Das beschreibende Blockschaltbild dieses Quadraturdemodulators ist in Abbildung 5.3 gegeben. Neben den zu Abbildung 5.1(b) korrespondierenden Elementen zeigt das Blockschaltbild weitere Elemente, die zur Verstärkung des empfangenen Signals benötigt werden. Diese Elemente können durch eingekoppelte Störungen zusätzlich beeinflusst werden und zu einer Beeinflussung der übertragenen Nachrichten führen.

Abbildung 5.2: *Foto des Evaluationboards AD8347-EVAL mit dem Quadraturdemodulator AD8347 von Analog Devices [96]*

Der eingesetzte Quadraturdemodulator AD8347 eignet sich für Übertragungsfrequenzen von 0,6 bis 2,7 GHz und besitzt eine maximale Demodulationsbandbreite von 90 MHz. Der Demodulator wird unter anderem für die Nutzung im 2,4-GHz-ISM-Frequenzband verwendet. Weitere charakterisierende Parameter sind in [96] enthalten.

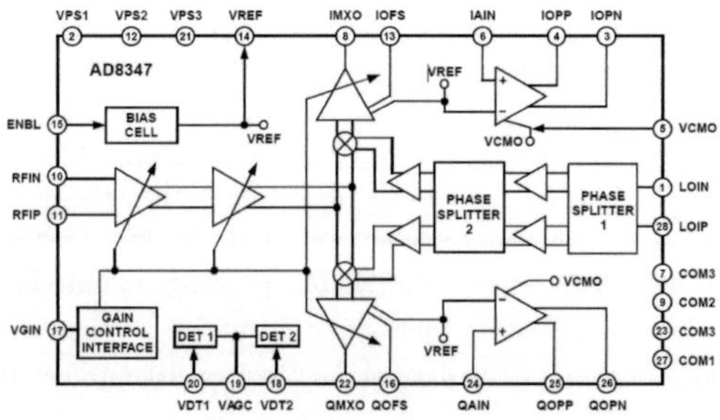

Abbildung 5.3: *Blockschaltbild des Quadraturdemodulators AD8347 [96]*

Die wesentlichen Anschlüsse des Quadraturdemodulators sind durch differentielle Signalein- und Signalausgänge gegeben und werden zusammengefasst durch

- **RFIP/N**: Bandpasssignaleingang,
- **LOIP/N**: Trägerfrequenzeingang,
- **IOPP/N**: Inphasenkomponentenausgang (Basisbandausgang) und
- **QOPP/N**: Quadraturkomponentenausgang (Basisbandausgang).

Durch eine ideale Tiefpassfilterung am Ausgang des Quadraturdemodulators kann bewirkt werden, dass Störungseinflüsse außerhalb der verwendeten Signalbandbreite des Übertragungssystems unterdrückt werden. Jedoch ist die Realisierung idealer Tiefpassfilter in der Realität nicht möglich, so dass auch durch Außenbandstörungen eine Beeinflussung erkennbar sein kann. Weiterhin zeigt das Blockschaltbild aus Abbildung 5.3, dass viele verstärkende Elemente in Demodulatoren enthalten sind, welche durch eingekoppelte Störsignale beeinflusst werden können, so dass besonders bei nichtlinearem Verhalten der verstärkenden Elemente eine wesentliche Beeinflussung der empfangenen Daten hervorgerufen werden kann.

Für die Untersuchungen gibt Abbildung 5.4 das prinzipielle Blockschaltbild des verwendeten Untersuchungsaufbaus wieder. Dabei werden die nach Abschnitt 4.6 zusammengefassten Störsignale für eingekoppelte UWB-Feldimpulse sowie S-Band-Radarimpulse (vgl. Abbildung 4.24) direkt in den Bandpasssignaleingang (RFIP/N) des Quadraturdemodulators geleitet und die resultierenden Auswirkungen auf den Basisbandsignalausgang der Inphasen- und Quadraturkomponente (IOPP/N und QOPP/N) mit einem Speicheroszilloskop aufgezeichnet. Als Trägerfrequenz f_0 wird die Frequenz des ersten Wireless LAN-Kanals im 2,4-GHz-ISM-Frequenzbands (Mittenfrequenz 2,412 GHz, vgl. Abbildung 2.11) gewählt. Eine unterschiedliche Beeinflussung aufgrund anderer Trägerfrequenzen im 2,4-GHz-ISM-Frequenzband ist auszuschließen.

Die Ergebnisse dieser Untersuchungen sind für unterschiedliche Werte der elektrischen Feldstärke des eingekoppelten Feldimpulses in den nächsten zwei Unterabschnitten separat dargestellt.

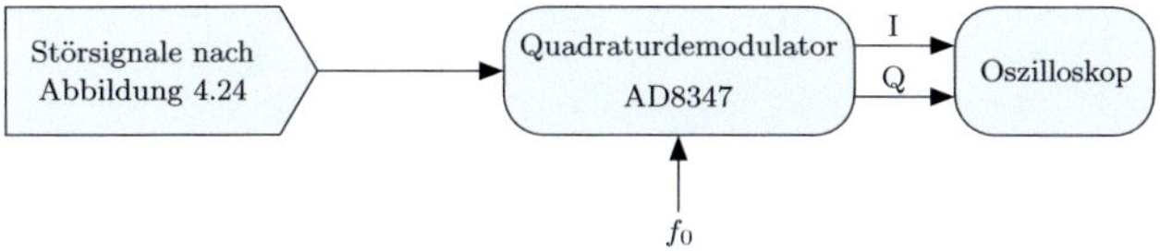

Abbildung 5.4: *Prinzipielles Blockschaltbild zur Untersuchung des Einflusses verschiedener leistungsstarker elektromagnetischer Feldimpulse auf das Basisbandsignal (I/Q) des Quadraturdemodulators AD8347 [96]*

5.2.1 Einfluss von UWB-Feldimpulsen auf das Basisbandsignal

Durch Einspeisung des in die lange Stabantenne eingekoppelten UWB-Feldimpulses nach Abbildung 4.24(a) bei verschiedenen elektrischen Spitzenfeldstärken von 70 V/m bis 2,2 kV/m werden am Basisbandausgang des Demodulators die in Abbildung 5.5 dargestellten Basisbandsignale hervorgerufen. Abgebildet ist dabei die Inphasenkomponente am Ausgang des Demodulators. Die Beeinflussung der Quadraturkomponente ist dazu identisch und daher nicht abgebildet [95].

Abbildung 5.5 zeigt, dass schon bei elektrischen Spitzenfeldstärken von 70 V/m eine Signalantwort durch den eingekoppelten UWB-Feldimpuls am Basisbandausgang des Demodulators erkennbar ist. Dieser Einfluss besitzt eine Dauer von ungefähr 150 ns und erreicht einen Spitzenspannungswert von 1 V. Im Vergleich zu der ursprünglichen Dauer des eingekoppelten Impulses von ungefähr 20 ns (vgl. Abbildung 4.24(a)) ist die Dauer des Einflusses um nahezu ein Achtfaches länger. Mit steigender elektrischer Spitzenfeldstärke bis hin zu 2,2 kV steigt sowohl die Spitzenamplitude des Störsignals am Basisbandausgang auf 2,3 V als auch die Beeinflussungsdauer des Störsignals auf über 200 ns an.

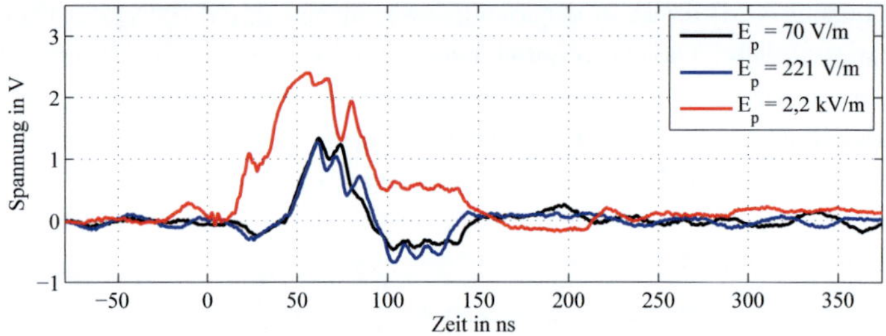

Abbildung 5.5: *Nach Abbildung 5.4 resultierendes Basisbandsignal (Inphasenkomponente), das durch den eingekoppelten UWB-Feldimpuls nach Abbildung 4.24(a) am Ausgang des Quadraturmodulators hervorgerufen wird*

Es zeigt sich, dass mit steigender elektrischer Spitzenfeldstärke des eingekoppelten UWB-Feldimpulses die Auswirkung im Basisband sowohl in der Amplitude als auch in der Einflussdauer ansteigt. Dies deutet auf eine nichtlineare Beeinflussung des Empfängersystems durch den eingekoppelten UWB-Feldimpuls hin, die durch Sättigungseffekte bzw. Übersteuerungseffekte in den verstärkenden Elementen im Quadraturdemodulator erklärt werden können.

5.2.2 Einfluss von S-Band-Radarimpulsen auf das Basisbandsignal

Bei der Einkopplung unterschiedlicher S-Band-Radarimpulse ergeben sich je nach Radarimpulstyp (I, II oder III nach Tabelle 4.10) und elektrischer Spitzenfeldstärke die resultierenden Basisbandsignale der Inphasenkomponente in den Abbildungen 5.6(a)-(c).

Die Beeinflussung durch die Variation der elektrischen Spitzenfeldstärken sind für den Radarimpulstyp I von 0,8 bis 2,6 kV/m und für die Radarimpulstypen II bzw. III von 0,8 bis 1,8 kV/m abgebildet. Es zeigt sich bei allen S-Band-Radarimpulstypen, dass die Amplitude der Beeinflussung bis zu elektrischen Spitzenfeldstärken von 1,1 kV/m unge-

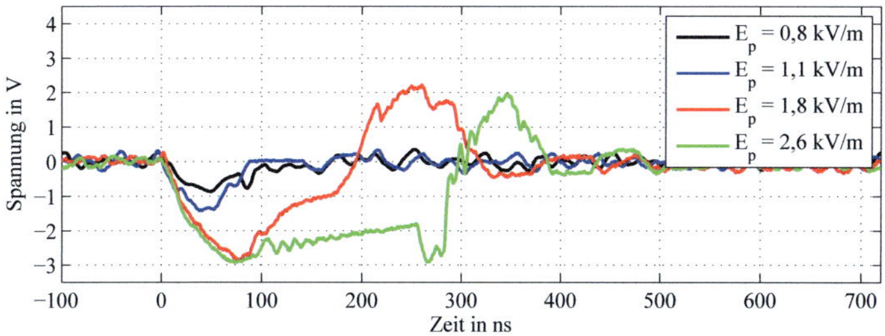

(a) Resultierendes Basisbandsignal (Inphasenkomponente), das durch den eingekoppelten S-Band-Radarimpulstyp I nach Tabelle 4.10 am Ausgang des Quadraturmodulators hervorgerufen wird

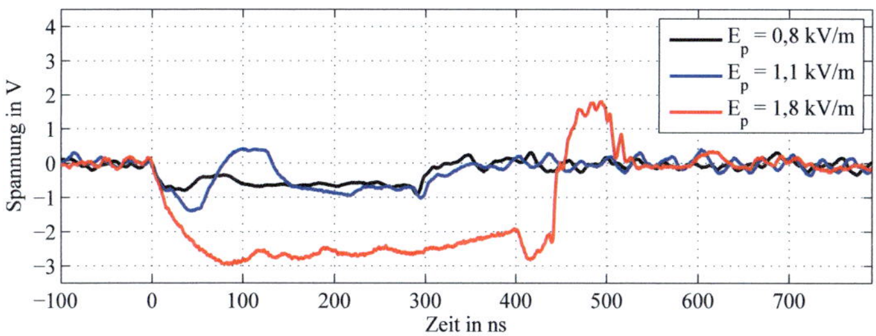

(b) Resultierendes Basisbandsignal (Inphasenkomponente), das durch den eingekoppelten S-Band-Radarimpulstyp II nach Tabelle 4.10 am Ausgang des Quadraturmodulators hervorgerufen wird

Abbildung 5.6: *Nach Abbildung 5.4 resultierende Basisbandsignale (Inphasenkomponente), die durch die eingekoppelten S-Band-Radarimpulse nach Tabelle 4.10 mit unterschiedlichen elektrischen Spitzenfeldstärken sowie Pulsdauern hervorgerufen werden*

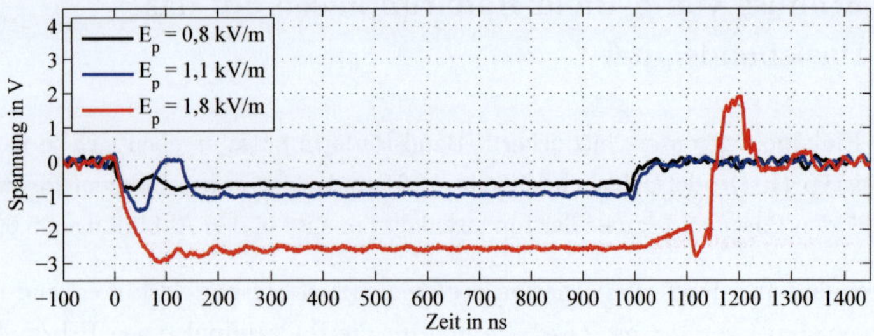

(c) Resultierendes Basisbandsignal (Inphasenkomponente), das durch den eingekoppelten S-Band-Radarimpulstyp III nach Tabelle 4.10 am Ausgang des Quadraturmodulators hervorgerufen wird

Abbildung 5.6: *Nach Abbildung 5.4 resultierende Basisbandsignale (Inphasenkomponente), die durch die eingekoppelten S-Band-Radarimpulse nach Tabelle 4.10 mit unterschiedlichen elektrischen Spitzenfeldstärken sowie Pulsdauern hervorgerufen werden (Forts.)*

fähr 1,5 V beträgt. Auch die Beeinflussungsdauer ist nahezu identisch zu den einzelnen Pulsdauern. Erst bei höheren elektrischen Spitzenfeldstärken steigt die Amplitude der Beeinflussung auf 3 V an und die Beeinflussungsdauer erhöht sich. Für eine elektrische Spitzenfeldstärke von 1,8 kV/m steigt die Beeinflussungsdauer für den Radarimpulstyp I von 80 auf 300 ns, für den Radarimpulstyp II von 200 auf 500 ns und für den Radarimpulstyp III von 1000 auf 1250 ns. Für den Radarimpulstyp I ist zusätzlich eine elektrische Spitzenfeldstärke des einkoppelnden S-Band-Radarimpulses von 2,6 kV/m untersucht, was in einer erneuten Steigerung der Beeinflussungsdauer auf 400 ns resultiert.

Es zeigt sich auch hier ein analoges Verhalten wie bei den Einflüssen des UWB-Feldimpulses. Mit steigender elektrischer Spitzenfeldstärke der eingekoppelten S-Band-Radarimpulse steigt auch die Amplitude und die Dauer der Beeinflussung an. Dieses Verhalten deutet im Wesentlichen auf Sättigungs- bzw. Übersteuerungseffekte der verstärkenden Elemente hin.

5.3 Einfluss auf ein demoduliertes Wireless LAN-Signal

Im vorigen Abschnitt ist gezeigt worden, dass die eingekoppelten UWB-Feldimpulse und S-Band-Radarimpulse einen deutlich erkennbaren Einfluss auf das Basisbandsignal eines digitalen Empfängersystems haben können. Inwieweit diese Beeinflussung des Basisbandsignals die Demodulation der über den Übertragungskanal gesendeten Information beeinflusst, sollen die nachfolgenden Untersuchungen in diesem Abschnitt zeigen. Dazu wird ein typisches Bandpasssignal des Übertragungsstandards Wireless LAN nach IEEE 802.11 verwendet, welches durch die eingekoppelten Störsignale aus Abbildung 4.24 aus Abschnitt 4.6 überlagert wird. Das auf diese Weise überlagerte Bandpasssignal wird dem bereits vorgestellten Quadraturmodulator aus dem vorigen Abschnitt zugeführt, durch diesen demoduliert und anschließend mit einem Speicheroszilloskop aufgezeichnet. Die schematische Darstellung dieses Aufbaus ist im Blockschaltbild der Abbildung 5.7 beschrieben. Die Erzeugung des Bandpasssignals für Wireless LAN wird durch einen Datenaustausch zweier Teilnehmer (Client #1 und Client #2) eines Netzwerkes für Wireless LAN nach IEEE 802.11 realisiert und über eine typische Antenne für das 2,4-GHz-ISM-Frequenzband dem Störsignal kabelgebunden überlagert.

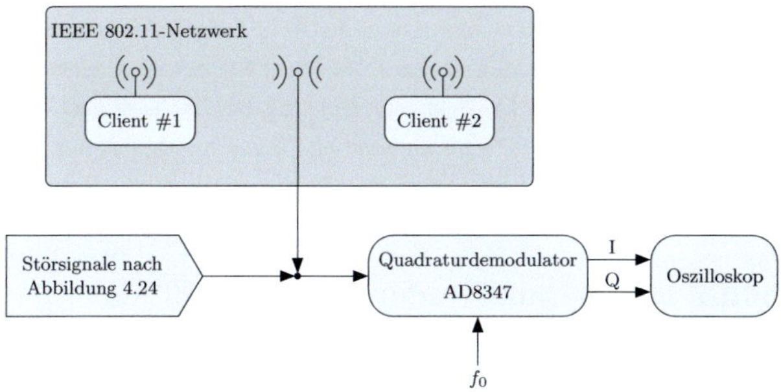

Abbildung 5.7: *Blockschaltbild zur Untersuchung des Einflusses verschiedener leistungsstarker elektromagnetischer Feldimpulse auf ein demoduliertes Übertragungssignal eines Netzwerks für Wireless LAN nach IEEE 802.11*

5.3.1 Einfluss von UWB-Feldimpulsen auf ein demoduliertes Wireless LAN-Signal

Der Einfluss eines eingekoppelten UWB-Feldimpulses mit einer elektrischen Spitzenfeldstärke von 2,2 kV/m auf ein demoduliertes Wireless LAN-Signal ist in der Abbildung 5.8 dargestellt. Während in Abbildung 5.8(a) die beiden differentiellen Signale der Inphasenkomponente dargestellt sind, ist in Abbildung 5.8(b) das resultierende Basisbandsignal der Inphasenkomponente abgebildet. In den Graphen ist der Effekt durch ein eingekoppeltes Störsignal eines UWB-Feldimpulses grau hinterlegt und es ist deutlich zu erkennen, dass das demodulierte Wireless LAN-Signal stark beeinflusst bzw. gestört wird. Die Störsignalpegel im Basisband erreichen Spannungsamplituden von über 2,5 V, wodurch die Signalamplitude des normalen Basisbandsignals um ein Vielfaches überstiegen wird und die Rekonstruktion der gesendeten Daten erschwert oder sogar verhindert werden kann.

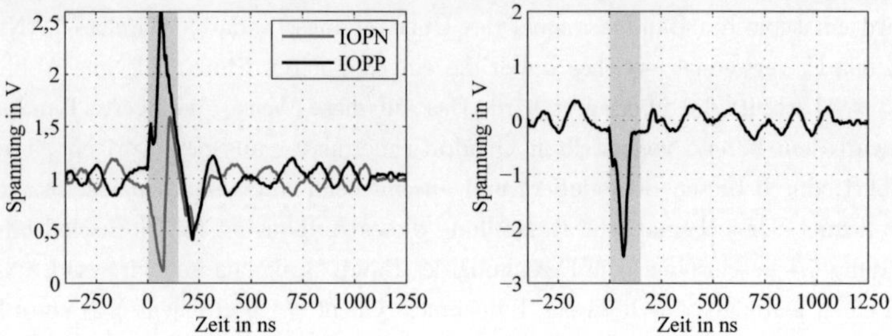

(a) *Differentielle Basisbandsignale, beeinflusst einen UWB-Feldimpuls*

(b) *Resultierendes Basisbandsignal, beeinflusst durch einen UWB-Feldimpuls*

Abbildung 5.8: *Mit dem Untersuchungsaufbau aus Abbildung 5.7 hervorgerufene Einflüsse von UWB-Feldimpulsen (nach Tabelle 4.10) mit einer elektrischen Spitzenfeldstärke von 2,2 kV/m auf ein demoduliertes Wireless LAN-Signal im Basisband (IOPN/IOPP sind differentielle Basisbandsignale aus Abbildung 5.3). Auswirkungen des eingekoppelten Feldimpulses sind grau markiert.*

5.3.2 Einfluss von S-Band-Radarimpulsen auf ein demoduliertes Wireless LAN-Signal

Für die drei in Tabelle 4.10 beschriebenen Radarimpulstypen I bis III sind die Einflüsse nach Abbildung 5.7 in den Abbildungen 5.9(a)-(f) wiedergegeben. Dabei ist das zeitlich aufgelöste Basisbandsignal der Inphasenkomponente sowohl für die differentiellen Basisbandsignale in den Abbildungen 5.9(a), (c) und (e) als auch für die daraus resultierenden Basisbandsignale in den Abbildungen 5.9(b), (d) und (f) dargestellt.

Der eingekoppelte S-Band-Radarimpuls besitzt bei diesen Untersuchungen eine elektrische Spitzenfeldstärke von 1 kV/m. Wie bei den Einflüssen des UWB-Feldimpulses sind in den Abbildungen auch die Einflüsse der eingekoppelten S-Band-Radarimpulse deutlich erkennbar. Die jeweilige Dauer der Beeinflussung ist identisch mit der Pulsdauer der verursachenden S-Band-Radarimpulse. Erst für höhere elektrische Feldstärken des eingekoppelten S-Band-Radarimpulses sind nach Abschnitt 5.6 längere Beeinflussungsdauern zu erwarten. Während der Zeitdauer der aktiven Beeinflussung durch einen S-Band-Radarimpuls sind die demodulierten Wireless LAN-Signale nicht mehr erkennbar und können somit auch in den nachfolgenden Elementen des Empfängersystems nur erschwert bis gar nicht rekonstruiert werden.

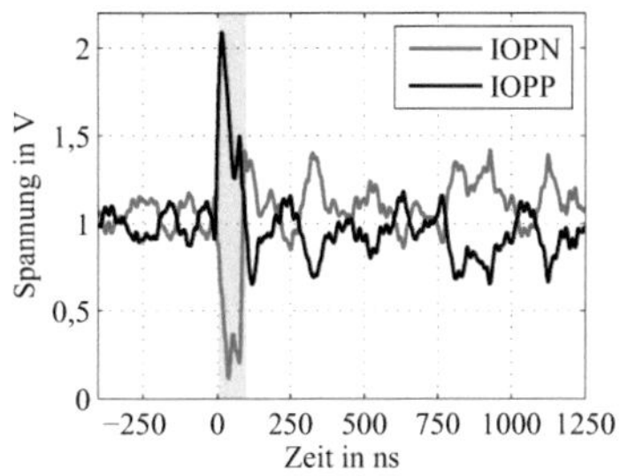

(a) *Differentielle Basisbandsignale, beeinflusst durch S-Band-Radarimpulstyp I*

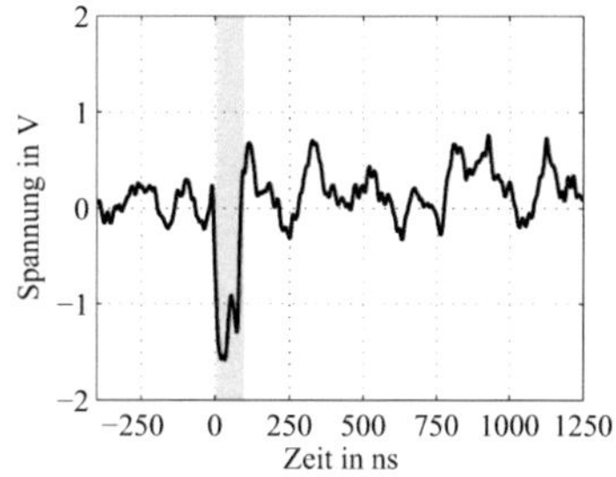

(b) *Resultierendes Basisbandsignal, beeinflusst durch S-Band-Radarimpulstyp I*

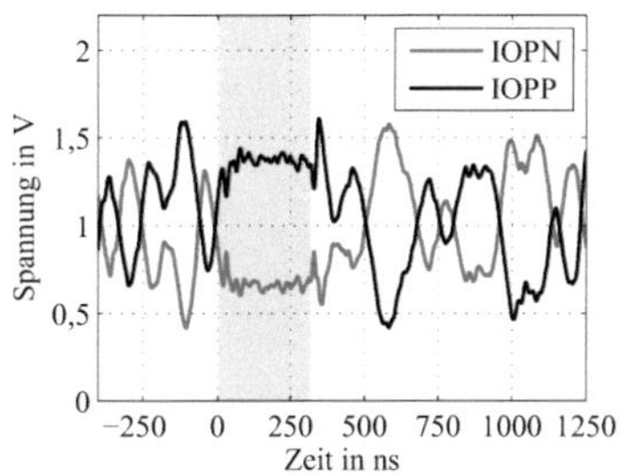

(c) *Differentielle Basisbandsignale, beeinflusst durch S-Band-Radarimpulstyp II*

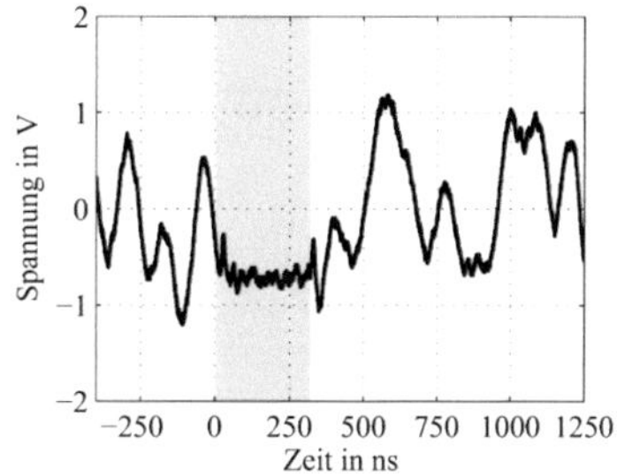

(d) *Resultierendes Basisbandsignal, beeinflusst durch S-Band-Radarimpulstyp II*

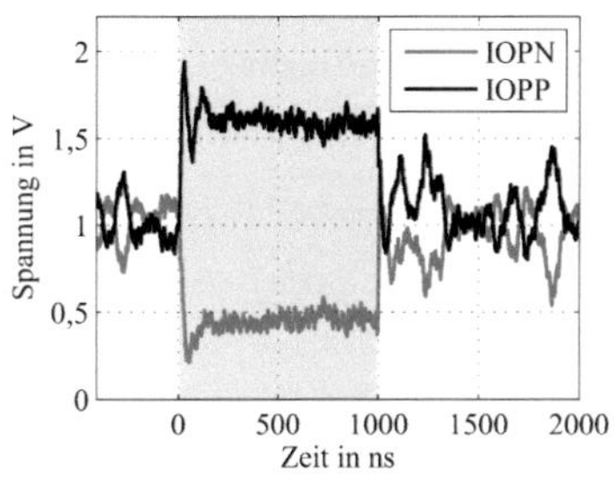

(e) *Differentielle Basisbandsignale, beeinflusst durch S-Band-Radarimpulstyp III*

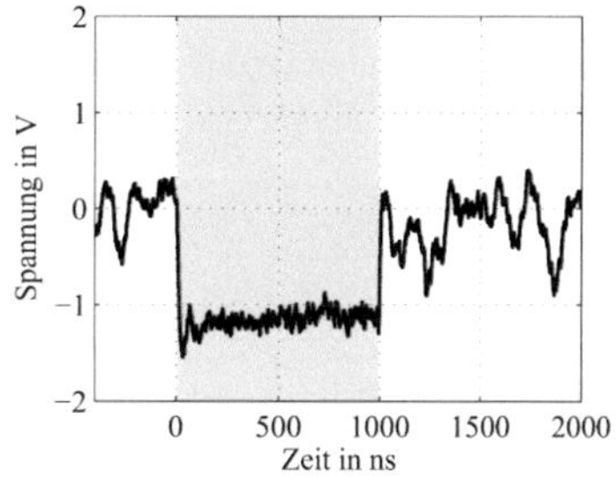

(f) *Resultierendes Basisbandsignal, beeinflusst durch S-Band-Radarimpulstyp III*

Abbildung 5.9: *Mit dem Untersuchungsaufbau aus Abbildung 5.7 hervorgerufene Einflüsse von S-Band-Radarimpulsen (nach Tabelle 4.10) mit einer elektrischen Spitzenfeldstärke von 1 kV/m auf ein demoduliertes Wireless LAN-Signal im Basisband (IOPN/IOPP sind differentielle Basisbandsignale aus Abbildung 5.3). Auswirkungen des eingekoppelten Feldimpulses sind grau markiert.*

5.4 Einfluss auf eine grundlegende Datenübertragung im 2,4-GHz-ISM-Frequenzband

Die vorigen Abschnitte haben gezeigt, dass das Basisbandsignal eines Empfängersystems für das 2,4-GHz-ISM-Frequenzband wesentlich durch die ausgewählten Störquellen beeinflusst werden kann. Bevor nun im anschließenden Kapitel die Sekundäreffekte auf kommerzielle drahtlose Übertragungssysteme aus dem 2,4-GHz-ISM-Frequenzband behandelt werden, wird im letzten Abschnitt dieses Kapitels der Einfluss auf ein grundlegendes digitales Datenübertragungssystem bestimmt.

Die Untersuchungen innerhalb dieses Abschnitts zielen primär auf die Datenübertragung von einzelnen Informationssymbolen ohne die Ausnutzung von Kanal- und Informationskodierung. Nachfolgend wird der realisierte Aufbau des grundlegenden Datenübertragungssystems auf Basis der in den vorigen Abschnitten vorgestellten Komponenten beschrieben. Die Beschreibung der Ergebnisse wird im zweiten Abschnitt behandelt, wobei neben dem Einfluss durch die elektrischen Spitzenfeldstärke des einkoppelnden Feldimpulses auch der Einfluss einer Pulswiederholfrequenz genauer untersucht wird.

5.4.1 Aufbau einer grundlegenden Datenübertragung im 2,4-GHz-ISM-Frequenzband

Den Untersuchungsaufbau mit dem grundlegenden Datenübertragungssystems für das 2,4-GHz-ISM-Frequenzband gibt das in Abbildung 5.10 dargestellte Blockschaltbild wieder. Das grundlegende Datenübertragungssystem besteht aus digitalem Sender, digitalem Empfänger und Frequenzgenerator. Die eingekoppelten Störsignale nach Abbildung

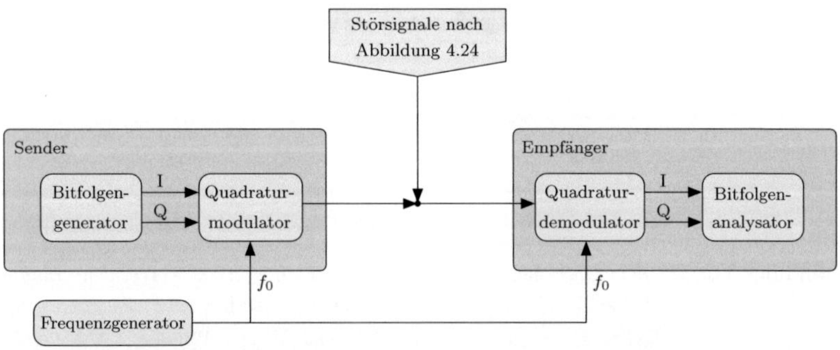

Abbildung 5.10: *Blockschaltbild zur Untersuchung des Einflusses verschiedener Feldimpulse auf das Basisbandsignal eines Quadraturdemodulators*

4.24 werden dem grundlegenden Datenübertragungssystem zusätzlich empfängerseitig zugeführt. Die Übertragung der im digitalen Sender erzeugten Daten erfolgt wiederum kabelgebunden, um mögliche Kanaleffekte (wie Freiraumdämpfung und Mehrwegeausbreitung) und deren Auswirkungen bei den Untersuchungen auszuschließen.

Der digitale Sender erzeugt über einen digitalen Bitfolgengenerator die Inphasen- und die Quadraturkomponente, welche der Quadraturmodulator anschließend mit der Trägerfrequenz moduliert und als Bandpasssignal ausgibt. Die Realisierung des Bitfolgengenerators ist über einen ARM9-Prozessor in Verbindung mit einem D/A-Wandler als ein einfacher Vektorsignalgenerator realisiert [94]. Der eingesetzte Quadraturmodulator (AD8346 [97] der Firma Analog Devices) ist in Abbildung 5.11 dargestellt. Das realisierte System ist mit diesem Aufbau in der Lage, verschiedene lineare digitale Modulationsverfahren (ASK, PSK und QAM) mit unterschiedlichen Wertigkeiten nachzubilden.

Abbildung 5.11: *Foto des Evaluationboards AD8346-EVAL mit dem Quadraturmodulator AD8346 von Analog Devices [97]*

Der digitale Empfänger demoduliert das über den Übertragungskanal gesendete Bandpasssignal und leitet die Inphasen- und die Quadraturkomponente an einen Bitfolgenanalysator weiter. Die gesamte Realisierung dieses digitalen Empfängers ist innerhalb von [95] im Detail beschrieben. Der digitale Empfänger besteht aus dem in Abschnitt 5.2 benutzten Quadraturdemodulator AD8347 und einem Bitfolgenanalysator auf Basis eines FPGAs[2], welcher die aufgenommenen Daten zwischenspeichert und anschließend mit Hilfe eines PCs auswertet.

Die Erzeugung der Trägerfrequenz erfolgt über eine Phasenregelschleife (PLL[3]), welche sowohl dem Sender als auch dem Empfänger die identische Trägerfrequenz zur Verfügung stellt [95]. Dadurch wird sichergestellt, dass mögliche Trägerfrequenzunterschiede in Sender und Empfänger die Untersuchungen nicht zusätzlich beeinflussen.

[2]FPGA - *Field Programmable Gate Array*

[3]PLL - *Phase Locked Loop*

Das gesamte grundlegende Übertragungssystem im 2,4-GHz-ISM-Frequenzband nach dem schematischen Aufbau aus Abbildung 5.10 mit Bitfolgenerzeuger, Quadraturmodulator, Quadraturmodulator, Frequenzgenerator und Bitfolgenanalysator ist in Abbildung 5.12 dargestellt.

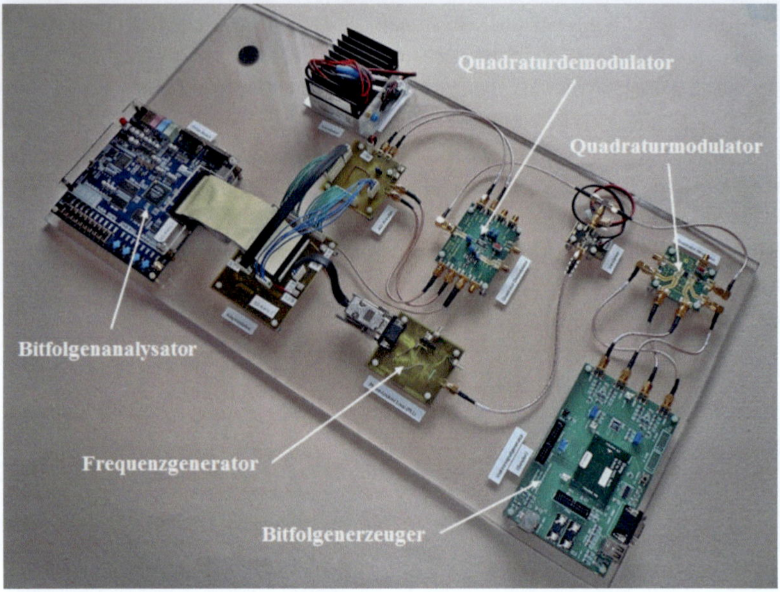

Abbildung 5.12: *Foto des grundlegenden Übertragungssystems im 2,4-GHz-ISM-Frequenzband zur Analyse von Einflüssen durch leistungsstarke elektromagnetische Störungen [95]*

5.4.2 Beeinflussbarkeit der grundlegenden Datenübertragung

Mit der Kenntnis der durch den Sender gesendeten Daten wird folgend, unter Beeinflussung des Bandpasssignals durch die verschiedenen eingekoppelten Störsignale, der Einfluss auf das digitale Empfängersystem untersucht. Es werden dazu Sendesymbolabfolgen verwendet, die dem Empfängersystem bekannt sind. Dadurch kann eine Analyse der Bitfehlerrate bei Beeinflussung der Übertragung durch die ausgewählte leistungsstarke elektromagnetische Störungen aus Kapitel 3 erfolgen. Die Bitfehlerrate berechnet sich mit dem Quotienten aus der Anzahl fehlerhaft übertragener Bits N_F zu der Anzahl der gesamten übertragenen Bits N durch

$$\mathrm{BER} = \frac{N_F}{N} \, . \tag{5.7}$$

Die Tabellen 5.1 und 5.2 fassen die hervorgerufenen Bitfehlerraten der grundlegenden Datenübertragungsstrecke bei Störung durch leistungsstarke elektromagnetische Feldimpulse, die über eine Antenne eingekoppelt werden, zusammen. Für die UWB-Feldimpulsquelle sind zum einen die Pulswiederholfrequenz f_{PWR} von 1 bis 200 Hz und zum anderen die elektrische Spitzenfeldstärke E_p von 1 bis 10 kV/m variiert worden. Die Variation bei den S-Band-Radarimpulsquellen sind zum einen durch den eingekoppelten Radarimpulstyp (I, II oder III) und zum anderen durch die Variation der elektrischen Spitzenfeldstärke E_p von 0,3 bis 1,8 kV/m gegeben. Das grundlegende Datenübertragungssystem verwendet für die Untersuchungen eine Symbolrate von 260 kSymbole/s und erreicht mit der 4-QAM eine Datenrate von 520 kbit/s.

Die Ergebnisse aus den Tabellen 5.1 und 5.2 sind in der Abbildung 5.13 zusammengefasst. Dabei zeigt die durch die UWB-Feldimpulsquelle hervorgerufenen Bitfehlerraten die Abbildung 5.13(a) und die durch die S-Band-Radarimpulsquellen hervorgerufenen Bitfehlerraten die Abbildung 5.13(b).

Tabelle 5.1: *Erreichte Bitfehlerraten der grundlegenden Übertragungsstrecke bei Beeinflussung durch eingekoppelte UWB-Feldimpulse nach dem Untersuchungsaufbau in Abbildung 5.10*

Pulswiederhol-frequenz	BER bei elektrischer Spitzenfeldstärke $E_p = 1$ kV/m	BER bei elektrischer Spitzenfeldstärke $E_p = 10$ kV/m
1 Hz	$4{,}09 \cdot 10^{-7}$	$1{,}26 \cdot 10^{-6}$
30 Hz	$9{,}28 \cdot 10^{-7}$	$2{,}66 \cdot 10^{-6}$
100 Hz	$4{,}64 \cdot 10^{-6}$	$1{,}42 \cdot 10^{-5}$
150 Hz	$6{,}81 \cdot 10^{-6}$	$2{,}03 \cdot 10^{-5}$
200 Hz	$7{,}42 \cdot 10^{-6}$	$2{,}48 \cdot 10^{-5}$

Tabelle 5.2: *Erreichte Bitfehlerraten der grundlegenden Übertragungsstrecke bei Beeinflussung durch eingekoppelte S-Band-Radarimpulse nach dem Untersuchungsaufbau in Abbildung 5.10*

Radarimpulstyp	elektrische Spitzenfeldstärke E_p	BER
I	0,3 kV/m	$7{,}74 \cdot 10^{-5}$
	1,2 kV/m	$1{,}40 \cdot 10^{-4}$
	1,8 kV/m	$1{,}81 \cdot 10^{-4}$
II	0,3 kV/m	$1{,}31 \cdot 10^{-4}$
	1,2 kV/m	$2{,}39 \cdot 10^{-4}$
	1,8 kV/m	$2{,}76 \cdot 10^{-4}$
III	0,3 kV/m	$2{,}07 \cdot 10^{-4}$
	1,2 kV/m	$3{,}69 \cdot 10^{-4}$
	1,8 kV/m	$4{,}02 \cdot 10^{-4}$

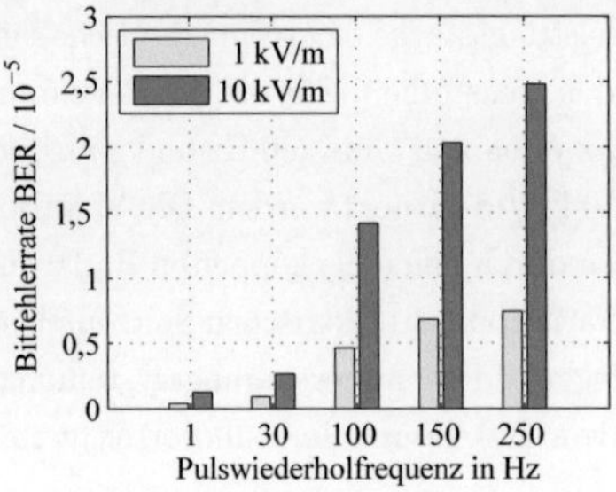

(a) Bitfehlerraten durch die Einkopplung von UWB-Feldimpulsen verschiedener elektrischer Spitzenfeldstärken und Pulswiederholfrequenzen

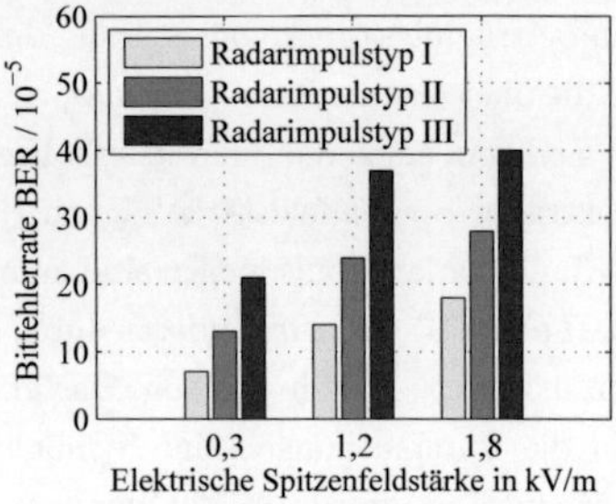

(b) Bitfehlerraten durch die Einkopplung dreier unterschiedlicher S-Band-Radarimpulstypen (I bis III) mit verschiedenen elektrischen Spitzenfeldstärken

Abbildung 5.13: *Erreichte Bitfehlerraten der grundlegenden digitalen Datenübertragung bei Beeinflussung durch leistungsstarke elektromagnetische Störungen nach dem Untersuchungsaufbau in Abbildung 5.10*

Es ist deutlich zu erkennen, dass durch die eingekoppelten UWB-Feldimpulse sowohl mit steigender elektrischer Spitzenfeldstärke als auch mit steigender Pulswiederholfrequenz die Bitfehlerrate der grundlegenden Übertragung ansteigt. Bei Betrachtung der Bitfehlerraten, die durch eingekoppelte S-Band-Radarimpulse hervorgerufen werden, steigt diese auch mit steigender elektrischer Spitzenfeldstärke an. Obwohl die Pulswiederholfrequenz von Radarimpulstyp I mit 2 kHz zu Radarimpulstyp III mit 0,5 kHz absinkt, steigt die Bitfehlerrate des grundlegenden Übertragungssystems an. Um dieses Verhalten genauer zu erklären, wird das Produkt aus Pulswiederholfrequenz f_{PWF} und Pulsdauer T_P als mittlere Störimpulsdauer

$$T_B = f_{\mathrm{PWF}} \cdot T_P \tag{5.8}$$

in μs/s definiert und die Zeitdauer einer aktiven Störung bezogen auf eine Sekunde ausdrückt. Die mittlere Störimpulsdauer beschreibt damit die Zeitdauer pro Sekunde, die eine Störung aktiv die Übertragung beeinflussen kann. Für die drei Radarimpulstypen ist die mittlere Störimpulsdauer T_B in Tabelle 5.3 angegeben und zeigt, dass diese von Radarimpulstyp I mit 160 μs/s zu Radarimpulstyp III mit 500 μs/s ansteigt. Diese Werte spiegeln sich beim Vergleich zwischen den verschiedenen Radarimpulstypen direkt in den größeren Bitfehlerraten wider. Dies bestätigt, dass durch eingekoppelte UWB-Feldimpulse im Vergleich zu den eingekoppelten S-Band-Radarimpulsen eine geringere Bitfehlerrate am grundlegenden Datenübertragungssystem vorhanden ist. Bei einer Pulswiederholfrequenz von 250 Hz und einer angenommenen Beeinflussungsdauer von 20 ns ergibt sich eine mittlere Störimpulsdauer von 5 μs/s, welche weit unterhalb der mittleren Störimpulsdauer der S-Band-Radarimpulse liegt. Die mittlere Störimpulsdauer gibt somit ein Indiz für die Störbeeinflussbarkeit von leistungsstarken elektromagnetischen Störungen.

Tabelle 5.3: *Nach Gleichung (5.8) bestimmte mittlere Störimpulsdauer T_B der S-Band-Radarimpulstypen I bis III aus Tabelle 4.10*

Radarimpulstyp	Pulsdauer	Pulswiederholfrequenz	mittlere Störimpulsdauer
I	80 ns	2 kHz	160 μs/s
II	300 ns	1 kHz	300 μs/s
III	1000 ns	0,5 kHz	500 μs/s

Wie in Abschnitt 5.2 beschrieben, steigt die Dauer einer Beeinflussung im Basisband durch höhere elektrische Spitzenfeldstärken an und erhöht damit unmittelbar auch die mittlere Störimpulsdauer T_B. Dies zeigt sich sowohl bei den Auswirkungen der UWB-Feldquelle als auch bei den S-Band-Radarimpulsen im Anstieg der Bitfehlerraten bei steigenden elektrischen Spitzenfeldstärken der einkoppelnden leistungsstarken elektromagnetischen Feldimpulsquellen.

5.5 Zusammenfassung

Die durchgeführten Untersuchungen zeigen, dass sich drahtlose Übertragungssysteme durch leistungsstarke elektromagnetische Feldimpulse beeinflussen lassen, welche über die Antenne des Systems eingekoppelt werden (Frontdoor-Kopplung). Sowohl transiente Störungen als auch periodische Störungen haben eine Beeinflussung im digitalen Empfängersystem hervorgerufen und führten dazu, dass eine grundlegende Datenübertragung im 2,4-GHz-ISM-Frequenzband beeinflusst worden ist. Im Wesentlichen sind dabei drei Parameter für eine Beeinflussung verantwortlich:

- die elektrische Spitzenfeldstärke E_p,
- die Pulswiederholfrequenz f_{PWF} und
- die Pulsdauer T_P.

Bei den Beeinflussungsparametern ist weiterhin zu beachten, dass diese untereinander Abhängigkeiten bilden können. So hat sich bei den vorgestellten Untersuchungen gezeigt, dass die elektrische Spitzenfeldstärke die Beeinflussungsdauer erheblich vergrößern kann.

6 Einflüsse auf kommerzielle drahtlose Übertragungssysteme

Im vorigen Kapitel sind die Einflüsse leistungsstarker elektromagnetischer Störungen im Basisband von drahtlosen Übertragungssystemen aus dem 2,4-GHz-ISM-Frequenzband untersucht worden. Diese Untersuchungen zeigen, dass sich digitale Übertragungssysteme auf Basis der ausgewählten leistungsstarken elektromagnetischen Störquellen beeinflussen lassen. Dabei sind neben der elektrischen Spitzenfeldstärke des einkoppelnden elektromagnetischen Feldimpulses auch die Pulswiederholfrequenz und die Pulsdauer die wesentlichen Parameter für die Beeinflussbarkeit. Innerhalb dieses Kapitels werden nun die Beeinflussbarkeitsuntersuchungen auf kommerzielle drahtlose Übertragungssysteme ausgeweitet.

Bei kommerziellen drahtlosen Übertragungssystemen aus dem 2,4-GHz-ISM-Frequenzband besteht ein sehr hoher Integrationsgrad der elektronischen Komponenten, um das stetig sinkende Platzangebot bestmöglich auszunutzen. Viele kommerzielle drahtlose Übertragungssysteme werden in kompakter Bauweise (wie beispielsweise die USB-Module aus Abbildung 4.17) angeboten, so dass Hersteller inzwischen dazu übergehen, alle Elemente eines Sender- und Empfängersystems in einem IC[1]-Baustein zusammenzufassen [98]. Aus diesem Grund ist bei kommerziellen Übertragungssystemen ein direkter Zugriff auf das Basisbandsignal generell nicht möglich. Weiterhin ist sowohl der Zugriff von der Anwendungsseite (Software) beschränkt, da die eingesetzte Software nur den Zugriff auf das ISO/OSI-Schichtenmodell ab der Vermittlungsschicht ermöglicht, als auch der Zugriff auf Bitübertragungsschicht und Sicherungsschicht aufgrund proprietärer Software seitens des Herstellers nicht möglich. Aus diesem Grund wird in den folgenden Untersuchungen der kommerziellen drahtlosen Übertragungssysteme aus dem 2,4-GHz-ISM-Frequenzband auf die Sekundäreffekte der Beeinflussung, wie Datenrate und Paketfehlerrate, durch leistungsstarke elektromagnetische Feldimpulse zurückgegriffen.

Der Zugriff auf die Vermittlungsschicht erfolgt bei kommerziellen drahtlosen Übertragungssystemen in der Regel über das IP-Protokoll. Das IP-Protokoll erlaubt es mit Hilfe der Transportschicht Sekundäreffekte bei Störungen der Übertragung zu analysieren

[1]IC - *Integrated Circuit*

und damit eine Aussage über die Leistungsfähigkeit und Qualität einer Datenübertragung zu treffen. Dazu werden die in den Abschnitten 2.2.4.1 und 2.2.4.2 vorgestellten Übertragungsprotokolle TCP und UDP genutzt. Mit Hilfe dieser Übertragungsprotokolle wird in den nachfolgenden Abschnitten der Einfluss leistungsstarker elektromagnetischer Störquellen auf kommerzielle drahtlose Übertragungssysteme aus dem 2,4-GHz-ISM-Frequenzband in Bezug auf den relativen Datendurchsatz und die Paketfehlerraten untersucht. Der Datendurchsatz beschreibt dabei die maximal erzielbare Nutzdatenrate des jeweilig verwendeten drahtlosen Übertragungssystems und wird im Folgenden als relativer Datendurchsatz beschrieben, um die Beeinflussbarkeit der drahtlosen Übertragungssysteme untereinander bestimmen und vergleichen zu können.

Die Untersuchungen dieses Kapitels beschränken sich auf die beiden drahtlosen Übertragungsstandards Wireless LAN und Bluetooth. Diese Standards erlauben eine Integration auf Basis herstellerunabhängiger Treiber in Standard-Betriebssysteme wie Microsoft Windows oder Linux, welche ZigBee bisher nicht bietet.

Im ersten Teil der nachfolgenden Untersuchungen werden die kommerziellen drahtlosen Übertragungssysteme nach den Übertragungsstandards Wireless LAN und Bluetooth gegenüber den Auswirkungen durch die bereits vorgestellten leistungsstarken elektromagnetischen Störquellen untersucht. Anschließend wird eine Worst-Case-Untersuchung durchgeführt, bei der die Ergebnisse durch periodische Unterbrechung der Verbindung für eine definierte Zeitdauer betrachtet werden. Abschließend werden mögliche Schutzkonzepte angesprochen.

6.1 Einflüsse auf kommerzielle drahtlose Übertragungssysteme

Die Einflüsse leistungsstarker elektromagnetischer Störquellen auf kommerzielle drahtlose Übertragungssysteme aus dem 2,4-GHz-ISM-Frequenzband werden innerhalb dieses Abschnittes untersucht. Dabei werden die beschriebenen Sekundäreffekte auf Basis des IP-Protokolls für die Übertragungsstandards Wireless LAN nach IEEE 802.11b und IEEE 802.11g sowie für Bluetooth 1.1 und Bluetooth 2.0 EDR analysiert. Die verwendeten Hardwaremodule und die Softwareintegration in das Betriebssystem Linux sind in Tabelle 6.1 zusammengefasst.

Den für die Untersuchungen verwendeten Aufbau liefert das Blockschaltbild aus Abbildung 6.1. Die Datenübertragung wird für die verschiedenen Übertragungsstandards durch zwei Teilnehmer (Client #1 und Client #2) realisiert, die aus zwei PCs mit dem Standard-Betriebssystem Linux und den zugehörigen Hardwaremodulen bestehen. Nachfolgend wird Client #1 als Sender- und Client #2 als Empfängersystem definiert. Die

Tabelle 6.1: *Verwendete Hardwaremodule und die zugehörige Softwareintegration für die Untersuchung des Einflusses leistungsstarker elektromagnetischer Störungen auf kommerzielle drahtlose Übertragungssysteme aus dem 2,4-GHz-ISM-Frequenzband*

Übertragungsstandard	Hardwaremodule	Software-integration
Wireless LAN IEEE 802.11b	TRENDnet TEW-503 PI (PCI-Karte[1])	MadWifi[3]
Wireless LAN IEEE 802.11g		
Bluetooth 1.1	DeLock Bluetooth 1.1 (USB-Modul[2])	BlueZ[4]
Bluetooth 2.0 EDR	DeLock Bluetooth 2.0 EDR (USB-Modul[2])	

[1] vorhandener SMA-Stecker zum Anschluss von Antennen oder Kabeln
[2] modifiziert mit SMA-Stecker zum Anschluss von Antennen oder Kabeln
[3] MadWifi-Projekt: http://www.madwifi-project.org/
[4] BlueZ-Projekt: http://www.bluez.org/

Verbindungen zwischen den Teilnehmern erfolgt durch den direkten Datenaustausch zwischen beiden Hardwaremodulen. Die genutzten Hardwaremodule nach Tabelle 6.1 werden mit Hilfe eines Kabels verbunden, um zum einen externe Störungseinflüsse und zum anderen Kanaleinflüsse (z.B. Mehrwegeausbreitung) zu verhindern. Die Nachbildung der Antennen und des Übertragungskanals werden auf einen realen Dämpfungsfaktor zurückgeführt und über eine Dämpfung zwischen den Teilnehmern nachgebildet. Die eingekoppelten Störsignale der leistungsstarken elektromagnetischen Feldimpulse aus Abbildung 4.24 werden dem Übertragungssystem auf der Seite des definierten Empfängers überlagert.

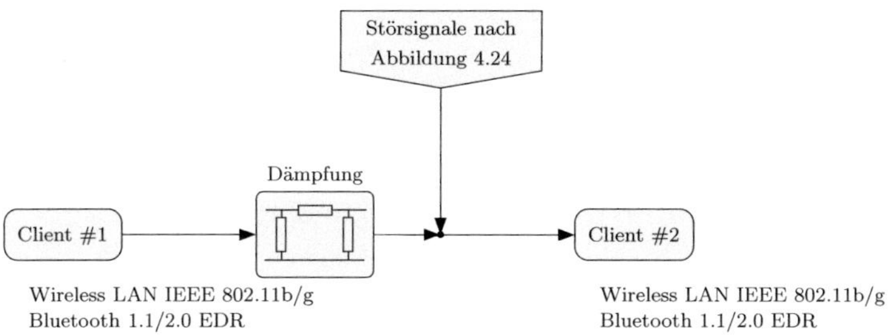

Abbildung 6.1: *Blockschaltbild zur Untersuchung des Einflusses von leistungsstarken elektromagnetischen Störquellen auf kommerzielle drahtlose Übertragungssysteme. Die Übertragung erfolgt kabelgebunden über eine Dämpfung als Kanalnachbildung von Client #1 zu Client #2. Die eingekoppelten Störsignale nach Abbildung 4.24 werden der Datenübertragung vor dem Antenneneingang an Client #2 (Empfängersystem) überlagert.*

Für die Untersuchungen werden von Client #1 nach Client #2 Daten übermittelt, wodurch eine Auskunft der Beeinflussung der Datenübertragung durch die leistungsstarken elektromagnetischen Störungen ermöglicht wird. Die Referenzwerte des absoluten Datendurchsatzes für ein drahtloses Übertragungssystem ohne Beeinflussungen sind in Tabelle 6.2 zusammengefasst. Während die Datenübertragung bei den Übertragungsstandards Wireless LAN nach IEEE 802.11b und IEEE 802.11g im TCP- und im UDP-Modus erfolgen kann, liefert der Aufbau des Übertragungsstandards Bluetooth zwar die Möglichkeit im UDP-Modus Daten zu übertragen, jedoch kann dabei keine Analyse von Paketfehlern erfolgen. Dies ist nicht möglich, da Bluetooth im Vergleich zu Wireless LAN in der Bitübertragungsschicht eine implementierte Fehlererkennung besitzt, die sicherstellt, dass bereits fehlerhaft empfangene Pakete direkt neu angefordert werden, ohne dass diese Information an die obere Schichten weitergeleitet und somit für den Nutzer sichtbar werden.

Tabelle 6.2: *Referenzwerte des absoluten Datendurchsatzes ohne Beeinflussung der verwendeten kommerziellen drahtlosen Übertragungssysteme*

Übertragungsstandard	Datendurchsatz in Mbit/s	
	TCP-Modus	UDP-Modus
Wireless LAN IEEE 802.11b[1]	6,25	7,35 (0 %)[2]
Wireless LAN IEEE 802.11g[1]	28,8	31,8 (0 %)[2]
Bluetooth 1.1	0,63	-[3]
Bluetooth 2.0 EDR	1,69	-[3]

[1] Übertragung im Ad-Hoc-Modus ohne Verschlüsselung.

[2] Der angegebene Datendurchsatz beschreibt die maximal erzielbare Nutzdatenrate im UDP-Modus ohne das Auftreten von Paketfehlern.

[3] Bluetooth bietet zwar die Möglichkeit im UDP-Modus Daten zu übertragen, jedoch hat Bluetooth in der Sicherungsschicht einen Fehlererkennungsalgorithmus implementiert, der fehlerhaft empfangene Pakete neu anfordert, so dass Paketfehler für den Anwender nur über eine Reduzierung des Datendurchsatzes erkennbar sind.

6.1.1 Einflüsse auf Wireless LAN nach IEEE 802.11b/g

Die Einflüsse leistungsstarker elektromagnetischer Störquellen werden innerhalb dieses Abschnittes sowohl für den Übertragungsstandard Wireless LAN nach IEEE 802.11b als auch nach IEEE 802.11g behandelt. Der Aufbau des Netzwerks wird dabei nach Abschnitt 2.3.2 über zwei Teilnehmer im Ad-Hoc-Modus realisiert und stellt die maximal mögliche Leistungsfähigkeit einer direkten Datenübertragung zwischen zwei Teilnehmern dar. Die Alternative eines Infrastrukturnetzwerkes verringert die Nutzdatenrate der Kommunikation, da dieses Netzwerk zur Steuerung zusätzliche Daten über einen dritten Teilnehmer (bzw. Koordinator) austauschen muss.

6.1.1.1 Beeinflussbarkeit durch UWB-Feldimpulse

Die Ergebnisse der Beeinflussbarkeit durch Einkopplung von UWB-Feldimpulsen mit Pulswiederholfrequenzen von 0 bis 1000 Hz sowie verschiedenen elektrischen Spitzenfeldstärken sind in der Abbildung 6.2 für den Übertragungsstandard Wireless LAN nach IEEE 802.11b und in der Abbildung 6.3 für den Übertragungsstandard Wireless LAN nach IEEE 802.11g dargestellt. Dabei ist zum einen der relative Datendurchsatz in Bezug auf den Datendurchsatz ohne Störungen und zum anderen die Paketfehlerrate unter Beeinflussung der UWB-Feldimpulse aufgezeigt.

Aus Abbildung 6.2 wird deutlich, dass für den Übertragungsstandard Wireless LAN nach IEEE 802.11b bei einer elektrischen Spitzenfeldstärke des UWB-Feldimpulses von 1,6 kV/m weder beim relativen Datendurchsatz noch beim Paketverlust eine Beeinflussbarkeit vorhanden ist. Bei einer elektrischen Spitzenfeldstärke von 5,3 kV/m sinkt der relative Datendurchsatz mit steigender Pulswiederholfrequenz auf 60 % des maximalen Datendurchsatzes ab und die Paketfehlerrate steigt dabei auf 40 % an. Die Beeinflussung steigt bei UWB-Feldimpulsen mit einer elektrischen Spitzenfeldstärke von 16 kV/m weiter an, so dass der relative Datendurchsatz bei der maximalen untersuchten Pulswiederholfrequenz von 1000 Hz auf weniger als 10 % absinkt und die Paketfehlerrate auf mehr als 95 % ansteigt. Der Vergleich zwischen den unabhängigen Sekundäreffekten im relativen Datendurchsatz und der Paketfehlerrate bestätigt die Ergebnisse zur Beeinflussbarkeit des Übertragungsstandards Wireless LAN durch eingekoppelte UWB-Feldimpulse.

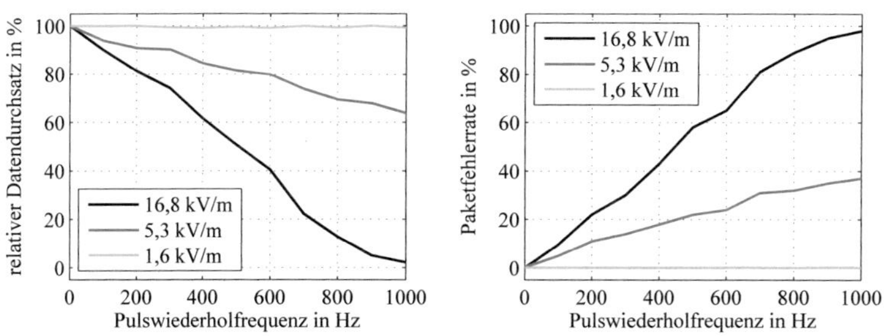

(a) Relativer Datendurchsatz bei Übertragung im TCP-Modus

(b) Paketfehlerrate bei Übertragung im UDP-Modus

Abbildung 6.2: *Einfluss von eingekoppelten UWB-Feldimpulsen nach Abbildung 4.24(a) mit verschiedenen elektrischen Spitzenfeldstärken und Pulswiederholfrequenzen auf ein Ad-Hoc-Netzwerk für den Übertragungsstandard Wireless LAN nach IEEE 802.11b*

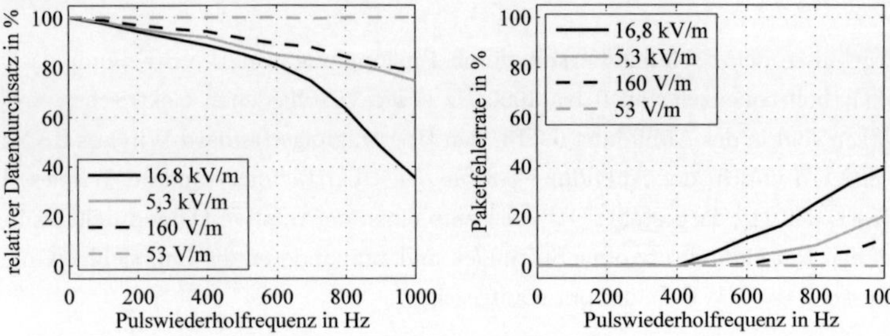

(a) Relativer Datendurchsatz bei Übertragung im TCP-Modus *(b) Paketfehlerrate bei Übertragung im UDP-Modus*

Abbildung 6.3: *Einfluss von eingekoppelten UWB-Feldimpulsen nach Abbildung 4.24(a) mit verschiedenen elektrischen Spitzenfeldstärken und Pulswiederholfrequenzen auf ein Ad-Hoc-Netzwerk für den Übertragungsstandard Wireless LAN nach IEEE 802.11g*

Eine Beeinflussung eines Ad-Hoc-Netzwerkes für Wireless LAN nach IEEE 802.11g ist schon bei elektrischen Spitzenfeldstärken des eingekoppelten UWB-Feldimpulses von 160 V/m erkennbar (vgl. Abbildung 6.3). Bei einer maximalen Pulswiederholfrequenz von 1000 Hz sinkt der relative Datendurchsatz der Verbindung auf 80 % ab und die Paketfehlerrate steigt auf 20 % an. Mit steigender elektrischer Spitzenfeldstärke sinkt bei 16,8 kV/m der relative Datendurchsatz weiter auf 35 % des Maximalwertes ab. Die Paketfehlerrate steigt dabei auf maximal 40 % an und bestätigt damit auch die Ergebnisse des relativen Datendurchsatzes.

Der Vergleich zwischen den Untersuchungen von Ad-Hoc-Netzwerken für die Übertragungsstandards Wireless LAN nach IEEE 802.11b und IEEE 802.11g zeigt, dass sich die Übertragungssysteme durch eingekoppelte UWB-Feldimpulse beeinflussen lassen. Dabei steigt sowohl mit steigender Pulswiederholfrequenz als auch mit steigender elektrischer Spitzenfeldstärke die Beeinflussbarkeit dieser Übertragungssysteme an. Während sich der Übertragungsstandard Wireless LAN nach IEEE 802.11g bereits ab elektrischen Spitzenfeldstärken von 160 V/m durch eingekoppelte UWB-Feldimpulse beeinflussen lässt, ist dieses beim Übertragungsstandard Wireless LAN nach IEEE 802.11b erst bei elektrischen Spitzenfeldstärken von 5,3 kV/m erkennbar. Jedoch ist bei einer elektrischen Spitzenfeldstärke von 16,8 kV/m und einer Pulswiederholfrequenz von 1000 Hz die Beeinflussung des Übertragungsstandards Wireless LAN nach nach IEEE 802.11b mit 10 % größer als bei Wireless LAN nach IEEE 802.11g mit 35 %.

6.1.1.2 Beeinflussbarkeit durch S-Band-Radarimpulse

Für die Einkopplung von S-Band-Radarimpulsen in Ad-Hoc-Netzwerke für die Übertragungsstandards Wireless LAN nach IEEE 802.11b und IEEE 802.11g sind die Beeinflussungen in diesem Abschnitt zusammengefasst. Dabei werden die nach Abschnitt 4.6 bekannten S-Band-Radarimpulstypen I bis III mit elektrischen Spitzenfeldstärken bis zu 1,5 kV/m dem drahtlosen Übertragungssystem nach dem Aufbau aus Abbildung 6.1 überlagert.

Während eine Datenübertragung für den Übertragungsstandard Wireless LAN nach IEEE 802.11b keine erkennbaren Beeinflussungen durch die verschiedenen S-Band-Radarimpulsquellen zeigt und grafisch nicht dargestellt ist, ist die Beeinflussung durch die vorgestellten Radarimpulstypen eines Datenübertragungssystems für Wireless LAN nach IEEE 802.11g in Abbildung 6.4 dargestellt. Es zeigt sich, dass mit steigender elektrischer Spitzenfeldstärke des eingekoppelten S-Band-Radarimpulses der relative Datendurchsatz der Datenübertragung durch alle drei S-Band-Radarimpulse abnimmt und die Paketfehlerrate dementsprechend ansteigt. Erste erkennbare Beeinflussungen der Datenübertragung durch den Radarimpulstyp III sind ab einer elektrischen Spitzenfeldstärke von 0,4 kV/m, durch den Radarimpulstyp II ab einer elektrischen Spitzenfeldstärke von 0,6 kV/m und durch den Radarimpulstyp I ab einer elektrischen Spitzenfeldstärke von 1 kV/m deutlich erkennbar. Bei einer elektrischen Spitzenfeldstärke von 1,5 kV/m ist der relative Datendurchsatz der Übertragung durch den S-Band-Radarimpulstyp III auf bis zu 82 % des Datendurchsatzes ohne Störungen abgesunken und die Paketfehlerrate auf 20 % angestiegen. Die beiden anderen Radarimpulstypen bewirken bei einer elektrischen

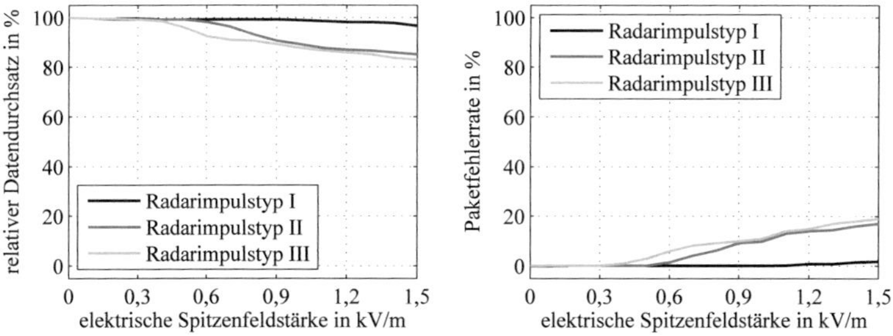

(a) Relativer Datendurchsatz bei Übertragung im TCP-Modus *(b) Paketfehlerrate bei Übertragung im UDP-Modus*

Abbildung 6.4: *Einfluss von eingekoppelten S-Band-Radarimpulsen nach Abbildung 4.24(b) mit verschiedenen elektrischen Spitzenfeldstärken auf ein Ad-Hoc-Netzwerk für den Übertragungsstandard Wireless LAN nach IEEE 802.11g*

Spitzenfeldstärke von 1,5 kV/m eine Verringerung des relativen Datendurchsatzes auf 85 % für den Radarimpulstyp II und 95 % für den Radarimpulstyp III.

Nach diesen Ergebnissen erfährt ein Ad-Hoc-Netzwerk für Wireless LAN nach IEEE 802.11g die größte Beeinflussung durch den verwendeten S-Band-Radarimpulstyp III.

6.1.2 Einflüsse auf Bluetooth 1.1 und Bluetooth 2.0 EDR

Die Einflüsse leistungsstarker elektromagnetischer Störquellen auf drahtlose Übertragungssysteme nach dem Übertragungsstandard Bluetooth 1.1 sowie Bluetooth 2.0 EDR finden sich in diesem Abschnitt. Der Aufbau der Datenübertragung erfolgt, wie schon beim Übertragungsstandard Wireless LAN, direkt zwischen zwei Teilnehmern eines Bluetooth-Netzwerkes. Das Bluetooth-Netzwerk besitzt dabei den Aufbau eines Piconetzes mit einer Point-to-Point-Verbindung nach Abschnitt 2.3.3.

6.1.2.1 Beeinflussbarkeit durch UWB-Feldimpulse

Durch die Einkopplung von UWB-Feldimpulsen mit Pulswiederholfrequenzen bis zu 700 Hz und unterschiedlichen elektrischen Spitzenfeldstärken ergeben sich bei den Übertragungsstandards Bluetooth 1.1 und Bluetooth 2.0 EDR die in der Abbildung 6.5 dargestellten relativen Datendurchsätze.

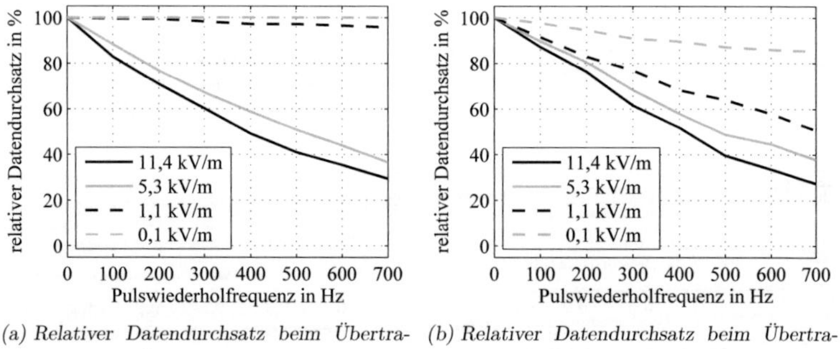

(a) Relativer Datendurchsatz beim Übertragungsstandard Bluetooth 1.1

(b) Relativer Datendurchsatz beim Übertragungsstandard Bluetooth 2.0 EDR

Abbildung 6.5: *Einfluss von eingekoppelten UWB-Feldimpulsen nach Abbildung 4.24(a) mit verschiedenen elektrischen Spitzenfeldstärken und Pulswiederholfrequenzen auf ein Point-to-Point-Netzwerk für den Übertragungsstandard Bluetooth 1.1 und Bluetooth 2.0 EDR*

Auch in Abbildung 6.5 ist zu erkennen, dass die Beeinflussung der Übertragungsstandards Bluetooth 1.1 und Bluetooth 2.0 EDR durch eingekoppelte UWB-Feldimpulse sowohl mit steigender elektrischer Spitzenfeldstärke als auch mit steigender Pulswiederholfrequenz ansteigt. Während beim Übertragungsstandard Bluetooth 1.1 erst bei UWB-Feldimpulsen mit elektrischen Spitzenfeldstärken ab 1,1 kV/m eine Beeinflussung erkennbar ist, führen schon UWB-Feldimpulse mit elektrischen Spitzenfeldstärken von 100 V/m beim Übertragungsstandard Bluetooth 2.0 EDR zu einer erkennbaren Reduktion des relativen Datendurchsatzes. Bei beiden Übertragungsstandards ähnelt sich ab einer elektrischen Spitzenfeldstärke von 5,3 kV/m der Einfluss durch UWB-Feldimpulse in der Reduktion des relativen Datendurchsatzes und sind auch bei einer elektrischen Spitzenfeldstärke des eingekoppelten UWB-Feldimpulses von 11,1 kV/m immer noch sehr ähnlich. Der relative Datendurchsatz sinkt dabei bei einer Pulswiederholfrequenz von 700 Hz auf einen Wert von 30 % ab.

6.1.2.2 Beeinflussbarkeit durch UWB-Feldimpulse bei Vorgabe des Übertragungspakettyps

Der Übertragungsstandard Bluetooth bietet nach Abschnitt 2.3.3 die Möglichkeit der Übertragung mit unterschiedlichen ACL-Übertragungspakettypen (siehe Tabelle 2.5). Durch die Adaption der Bluetooth-Übertragung an das IP-Protokoll innerhalb der Softwareintegration BlueZ werden, je nach Paketgröße des verwendeten IP-Pakets, die Bluetooth Übertragungspakettypen automatisch angepasst. Die eingesetzten Hardwaremodu-

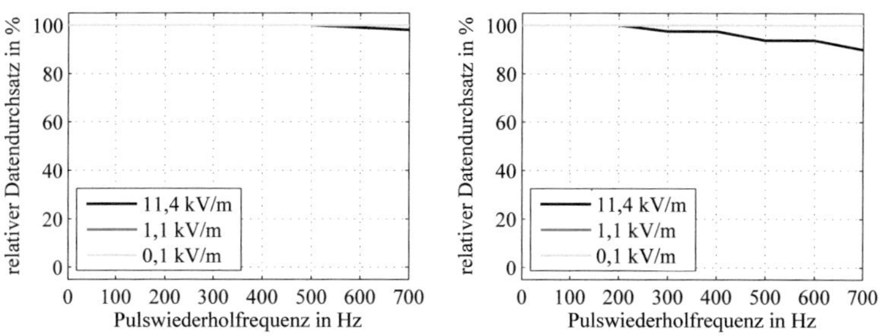

(a) Relativer Datendurchsatz bei Bluetooth 1.1 mit Übertragungspakettyp DM1 *(b) Relativer Datendurchsatz bei Bluetooth 1.1 mit Übertragungspakettyp DH1*

Abbildung 6.6: *Beeinflussung der Datenübertragung des Übertragungsstandards Bluetooth 1.1 mit Vorgabe des Übertragungspakettyps durch eingekoppelte UWB-Feldimpulse nach Abbildung 4.24(a) mit verschiedenen elektrischen Spitzenfeldstärken und Pulswiederholfrequenzen*

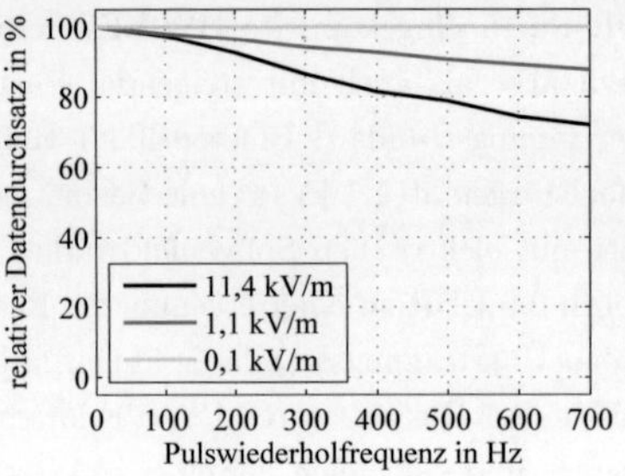

(c) Relativer Datendurchsatz bei Bluetooth 1.1 mit Übertragungspakettyp DM3

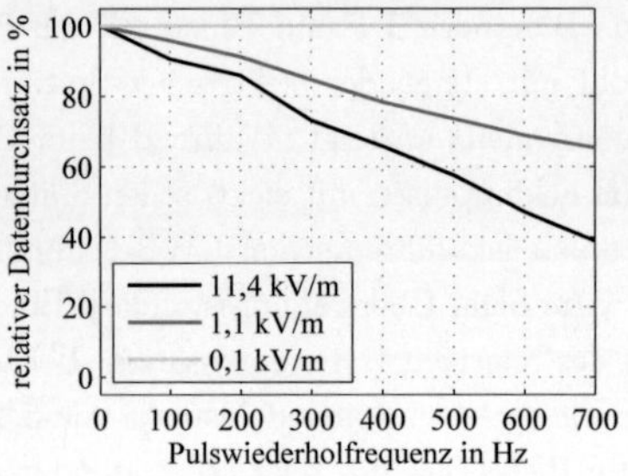

(d) Relativer Datendurchsatz bei Bluetooth 1.1 mit Übertragungspakettyp DH3

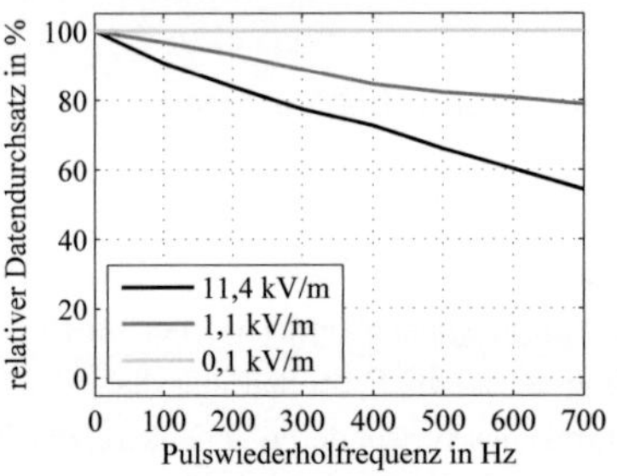

(e) Relativer Datendurchsatz bei Bluetooth 1.1 mit Übertragungspakettyp DM5

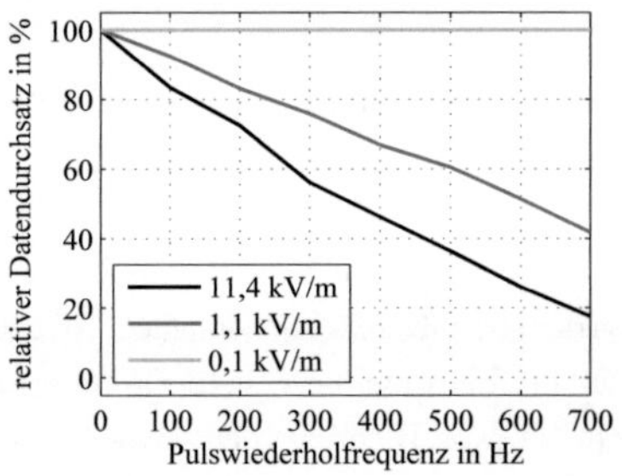

(f) Relativer Datendurchsatz bei Bluetooth 1.1 mit Übertragungspakettyp DH5

Abbildung 6.6: *Beeinflussung der Datenübertragung des Übertragungsstandards Bluetooth 1.1 mit Vorgabe des Übertragungspakettyps durch eingekoppelte UWB-Feldimpulse nach Abbildung 4.24(a) mit verschiedenen elektrischen Spitzenfeldstärken und Pulswiederholfrequenzen (Forts.)*

le bieten in Kombination mit der eingesetzten Softwareintegration BlueZ, für den Übertragungsstandard Bluetooth 1.1 die Möglichkeit, diese Pakettypen bei der Übertragung fest vorzugeben. Die Ergebnisse der Beeinflussungen gegenüber UWB-Feldimpulsquellen mit den vordefinierten Übertragungspakettypen DM1/3/5 und DH1/3/5 sind in der Abbildung 6.6 zusammengefasst.

Abbildung 6.6 lässt erkennen, dass sich die Beeinflussbarkeit des Übertragungsstandards Bluetooth 1.1 mit Vorgabe des Übertragungspakettyps sowohl von DM1 zu DM5 als auch von DH1 zu DH5 erhöht. Während bei Benutzung des Übertragungspakettyps DM1 nahezu keine Beeinflussungen durch die eingekoppelten UWB-Feldimpulse mit einer elektrischen Spitzenfeldstärke bis 11,4 kV/m und Pulswiederholfrequenzen bis 700 Hz erkennbar

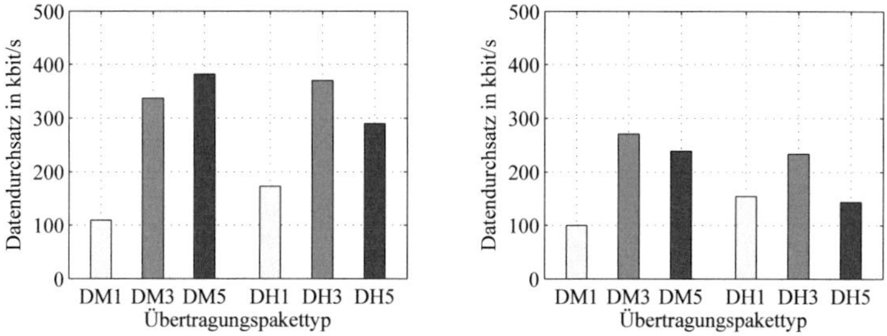

(a) Absoluter Datendurchsatz bei Beeinflussung durch eingekoppelte UWB-Feldimpulse mit einer elektrischer Spitzenfeldstärke von 1,1 kV/m

(b) Absoluter Datendurchsatz bei Beeinflussung durch eingekoppelte UWB-Feldimpulse mit einer elektrischer Spitzenfeldstärke von 11,4 kV/m

Abbildung 6.7: *Datendurchsatz von Bluetooth 1.1 mit Übertragungspaketvorgabe durch Beeinflussung durch eingekoppelte UWB-Feldimpulsen nach Abbildung 4.24(a) mit Pulswiederholfrequenz von 700 Hz und elektrischer Spitzenfeldstärke von 1,1 kV/m (a) sowie 11,4 kV/m (b)*

sind, sinkt der relative Datendurchsatz bei Benutzung des Übertragungspakets DM3 auf 70 % und bei Benutzung des Übertragungspakets DM5 auf 50 % ab. Bei Benutzung des Übertragungspakets DH1 sinkt der relative Datendurchsatz mit gleichen Parametern der UWB-Feldimpulse auf 90 %, bei Übertragungspaket DH3 auf 40 % und bei Übertragungspaket DH5 sogar auf 20 % ab.

Durch Einbeziehung des absoluten Datendurchsatzes für den jeweiligen Übertragungspakettyp aus Tabelle 2.5 ergeben sich die in Abbildung 6.7 angegebenen Datendurchsätze bei Beeinflussung durch eingekoppelte UWB-Feldimpulse mit einer Pulswiederholfrequenz von 700 Hz und einer elektrischen Spitzenfeldstärke von 1,1 kV/m (siehe Abbildung 6.7(a)) sowie 11,4 kV/m (siehe Abbildung 6.7(b)). Unter der Beeinflussung durch UWB-Feldimpulse zeigt sich dabei, dass bei der Wahl des Übertragungspakettyps der absolute Datendurchsatz nicht mehr stetig von DM1 zu DM5 bzw. von DH1 zu DH5 ansteigt, sondern, mit Ausnahme der DM-Übertragungspakete bei einer elektrischen Spitzenfeldstärke von 1,1 kV/m, durchgängig mit dem Übertragungspakettyp DM3 bzw. DH3 die höchste absolute Datenrate unter einer Beeinflussung erreicht wird.

Das bessere Übertragungsverhalten der DM-Übertragungspakete im Vergleich zu den DH-Übertragungspaketen ist durch die vorhandene Fehlerkorrektur der DM-Übertragungspakete zu erklären. Es zeigt sich zudem, dass die Wahrscheinlichkeit einer Störung des Datenpakets auch mit der Länge des Datenpakets ansteigt. So ist beispielsweise bei einer elektrischen Spitzenfeldstärke von 11,4 kV/m die Übertragung mit dem DM3-Übertragungspaket am effektivsten.

Die Untersuchungen durch Vorgabe des Datenpakettyps bei der Übertragung zeigen, dass es unter der Beeinflussung durch leistungsstarke elektromagnetische Störquellen durchaus möglich ist, mit einer richtigen Wahl des Übertragungspakettyps eine Effizienzsteigerung der Übertragung zu erreichen.

6.1.2.3 Beeinflussbarkeit durch S-Band-Radarimpulse

Die Beeinflussbarkeitsuntersuchungen auf den Übertragungsstandard Bluetooth 1.1 und Bluetooth 2.0 EDR mit den definierten S-Band-Radarimpulstypen I bis III aus Abschnitt 4.6 sind in diesem Abschnitt dargestellt, wobei elektrische Spitzenfeldstärken bis zu 1,5 kV/m verwendet werden. Während für den Übertragungsstandard Bluetooth 1.1 ist mit dem beschriebenen Aufbau keine Beeinflussung erzielt worden ist, ist die Beeinflussungen des Übertragungsstandards Bluetooth 2.0 EDR in Abbildung 6.8 dargestellt.

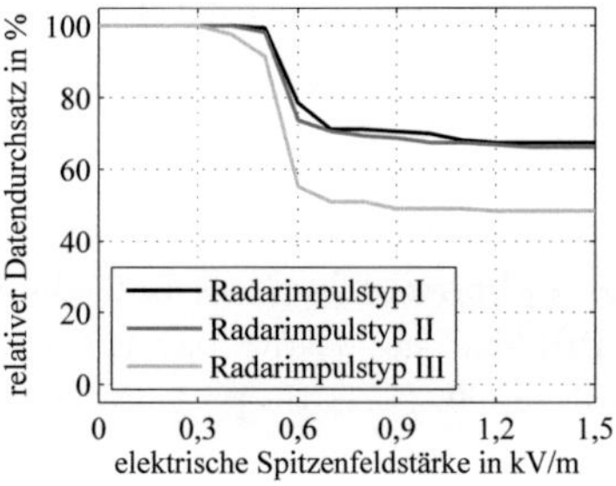

Abbildung 6.8: *Beeinflussung der Datenübertragung beim Übertragungsstandrad Bluetooth 2.0 EDR durch eingekoppelte S-Band-Radarimpulse nach Abbildung 4.24(b) mit verschiedenen elektrischen Spitzenfeldstärken*

Es zeigt sich in Abbildung 6.8 ein ähnliches Verhalten, wie es schon beim Übertragungsstandard Wireless LAN nach IEEE 802.11g erkennbar war (vgl. Abbildung 6.4). Für die S-Band-Radarimpulstypen I und II ist die Beeinflussung des Übertragungssystems ab einer elektrischen Spitzenfeldstärke von 0,5 kV/m erkennbar und erreicht bei einer elektrischen Spitzenfeldstärke von 1,5 kV/m eine Reduktion des relativen Datendurchsatzes auf 68 %. Für den S-Band-Radarimpulstyp III beginnt eine Beeinflussung bereits bei einer elektrischen Spitzenfeldstärke von 0,3 kV/m und resultiert bei einer elektrischen Spitzenfeldstärke von 1,5 kV/m in einem relativen Datendurchsatz von 50 % des Referenzwertes nach Tabelle 6.2.

Damit ist, identisch zu Abschnitt 6.1.1.2, auch bei der Beeinflussung des Übertragungsstandards Bluetooth 2.0 EDR eine stetige Erhöhung der Beeinflussbarkeit gegenüber der S-Band-Radarimpulstypen I zu III erkennbar.

6.1.3 Vergleich der Ergebnisse

Es zeigte sich in den vorherigen Untersuchungen, dass sich die drahtlosen Übertragungssysteme nach den Übertragungsstandards Bluetooth und Wireless LAN sowohl durch die benutzten UWB-Feldimpulsquelle als auch durch die benutzten S-Band-Radarquellen beeinflussen lassen. Generell ist jedoch weder durch die verwendete UWB-Feldimpulsquelle noch durch die verwendete S-Band-Radarquelle bei den durchgeführten Untersuchungen eine dauerhafte Beschädigung der Übertragungsmodule hervorgerufen worden. Auch ein kompletter Abbruch der Verbindung konnte mit den gegebenen Parametern nicht erreicht werden. Darüber hinaus erzielten nach Deaktivierung der verwendeten Störquellen alle untersuchten drahtlosen Übertragungssysteme die in Tabelle 6.2 aufgelisteten Referenzwerte des Datendurchsatzes ohne Störung.

Nachfolgend werden die Beeinflussbarkeitsergebnisse der verwendeten drahtlosen Übertragungssysteme zum einen bei Störung durch UWB-Feldimpulse und zum anderen bei Störung durch S-Band-Radarimpulse direkt miteinander verglichen.

6.1.3.1 Vergleich der Beeinflussbarkeit durch UWB-Feldimpulse

Abbildung 6.9 zeigt die Beeinflussung des relativen Datendurchsatzes der vier untersuchten drahtlosen Übertragungssysteme aus dem 2,4-GHz-ISM-Frequenzband bei Störung durch eine UWB-Feldquelle mit einer elektrischen Spitzenfeldstärke von 1,1 kV/m (siehe Abbildung 6.9(a)) und 5,3 kV/m (siehe Abbildung 6.9(b)). Es zeigt sich bei allen untersuchten Übertragungsstandards, dass eine Erhöhung der Beeinflussbarkeit durch eine Erhöhung der Pulswiederholfrequenz vorhanden ist.

Während bei einer elektrischen Spitzenfeldstärke von 1,1 kV/m sowohl der Übertragungsstandard Wireless LAN nach IEEE 802.11b als auch Bluetooth 1.1 kaum eine Beeinflussung durch die eingekoppelten UWB-Feldimpulse zeigen, lassen sich die Übertragungsstandards Wireless LAN nach IEEE 802.11g und Bluetooth 2.0 EDR bereits erkennbar beeinflussen. Dabei wird bezüglich des relativen Datendurchsatzes Bluetooth 2.0 EDR am größten beeinflusst.

Bei einer elektrischen Spitzenfeldstärke des eingekoppelten UWB-Feldimpulses von 5,3 kV/m werden alle verwendeten Übertragungsstandards beeinflusst. Dabei gleichen sich die Beeinflussungen beider Bluetooth-Übertragungsstandards an und die Beeinflussbarkeit des Übertragungsstandards Wireless LAN nach IEEE 802.11b ist sogar größer als die nach IEEE 802.11g. Im direkten Vergleich zeigen sich die größten Beeinflussungen beim Übertragungsstandard Bluetooth, welche bei einer Pulswiederholfrequenz von 700 Hz nur noch einen relativen Datendurchsatz von 35 % zulässt.

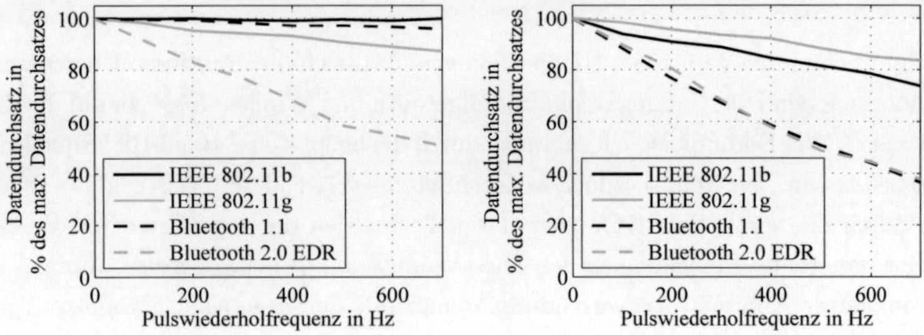

(a) Vergleich der Beeinflussung bei einer elektrischen Spitzenfeldstärke von 1,1 kV/m

(b) Vergleich der Beeinflussung bei einer elektrischen Spitzenfeldstärke von 5,3 kV/m

Abbildung 6.9: *Relativer Datendurchsatz der untersuchten kommerziellen drahtlosen Übertragungssysteme aus dem 2,4-GHz-ISM-Frequenzband bei Beeinflussung durch eingekoppelte UWB-Feldimpulse nach Abbildung 4.24(a) mit elektrischer Spitzenfeldstärke von 1,1 kV/m (a) und 5,3 kV/m (b)*

6.1.3.2 Vergleich der Beeinflussbarkeit durch S-Band-Radarimpulse

Tabelle 6.3 stellt eine Übersicht der wesentlichen Ergebnisse der Beeinflussungsuntersuchungen der Übertragungsstandards Wireless LAN und Bluetooth bei Störung durch eingekoppelte S-Band-Radarimpulse dar. Dabei ist für jeden S-Band-Radarimpulstyp I bis III (vgl. Tabelle 4.10) diejenige elektrische Spitzenfeldstärke aufgelistet, ab der eine Beeinflussbarkeit der Datenübertragung des verwendeten Übertragungsstandards erkennbar ist. Darüber hinaus sind die Beeinflussungen der drei Radarimpulstypen bei einer elektrischen Spitzenfeldstärke von 1,5 kV/m auf den relativen Datendurchsatz der verschiedenen Verbindungen gegeben.

Tabelle 6.3: *Vergleich der Beeinflussung durch eingekoppelte S-Band-Radarimpulse in drahtlose Übertragungssysteme aus dem 2,4-GHz-ISM-Frequenzband (vgl. Abbildung 6.4 und Abbildung 6.8)*

Übertragungsstandard	Radarimpulstyp nach Tabelle 4.10					
	I		II		III	
	E_p (1)	D_R (2)	E_p (1)	D_R (2)	E_p (1)	D_R (2)
Wireless LAN IEEE 802.11b	– (3)	100 %	– (3)	100 %	– (3)	100 %
Wireless LAN IEEE 802.11g	1,0 kV/m	95 %	0,6 kV/m	85 %	0,4 kV/m	82 %
Bluetooth 1.1	– (3)	100 %	– (3)	100 %	– (3)	100 %
Bluetooth 2.0 EDR	0,5 kV/m	68 %	0,5 kV/m	68 %	0,3 kV/m	50 %

(1) elektrische Spitzenfeldstärke E_p ab der eine Beeinflussung erkennbar ist

(2) relativer Datendurchsatz D_R bei einer elektrischen Spitzenfeldstärke von 1,5 kV/m

(3) keine erkennbare Beeinflussung bis zu einer elektrischen Spitzenfeldstärke von 1,5 kV/m

Während sich sowohl der Übertragungsstandard Wireless LAN nach IEEE 802.11b als auch Bluetooth 1.1 durch die S-Band-Radarimpulse bis zu einer elektrischen Spitzenfeldstärke von 1,5 kV/m nicht beeinflussen lassen, sind bei den Übertragungsstandards Wireless LAN nach IEEE 802.11g und Bluetooth 2.0 EDR deutlich Einflüsse durch die verwendeten leistungsstarken elektromagnetischen Störquellen erkennbar. Die Einflüsse auf den relativen Datendurchsatz der Verbindung ist bei beiden beeinflussten Übertragungsstandards von Radarimpulstyp I bis III stetig steigend. Jedoch ist die Beeinflussbarkeit des Übertragungsstandards Bluetooth 2.0 EDR größer als die des Übertragungsstandards Wireless LAN nach IEEE 802.11g.

6.2 Worst-Case-Untersuchung kommerzieller drahtloser Übertragungssysteme

Bei Betrachtung der Ergebnisse aus den vorigen Untersuchungen zeigt sich eine Abhängigkeit der Beeinflussbarkeit der drahtlosen Übertragungssysteme von der Pulsdauer sowie der Pulswiederholfrequenz der eingekoppelten Feldimpulse. Da in den vorigen Untersuchungen leistungsstarke elektromagnetische Störquellen gewählt worden sind, die in der Parametervarianz sehr beschränkt sind, werden die Beeinflussungen innerhalb dieses Abschnittes auf zwei Parameter reduziert und für die kommerziellen drahtlosen Übertragungsstandards spezifischer analysiert.

Die Untersuchungen in Kapitel 5 haben gezeigt, dass es für einen Empfänger eines drahtlosen Übertragungssystems durch die Einkopplung leistungsstarker elektromagnetischer Störungen nicht möglich ist, für eine definierte Zeitdauer Daten zu empfangen. Dieses Verhalten wird aufgegriffen, um die Untersuchungen dahingehend auszuweiten, dass drahtlose Übertragungssysteme periodisch mit einer definierten Zeitdauer gezielt unterbrochen werden und damit eine Störung durch leistungsstarke elektromagnetische Störquellen nachgebildet wird. Aus diesem Grund wird die Impulsdauer und die Pulswiederholfrequenz auf die äquivalenten Parameter Unterbrechungsdauer und Wiederholfrequenz abgebildet und innerhalb definierter Grenzen untersucht (vgl. auch [99]). Diese Nachbildung der Beeinflussung bietet die Möglichkeit, eine Worst-Case-Untersuchung durchzuführen, die die Beeinflussbarkeit der drahtlosen Übertragungssysteme vergleichbar macht und eine genauere Analyse der Übertragungssysteme ermöglicht.

6.2.1 Untersuchungsaufbau

Abbildung 6.10 zeigt das Blockschaltbild des Untersuchungsaufbaus für die Worst-Case-Untersuchung mit periodischer Unterbrechung der Verbindung zwischen zwei Teilnehmern eines drahtlosen Übertragungssystems aus dem 2,4-GHz-ISM-Frequenzband. Der Aufbau folgt dem bereits bekannten Aufbau aus Abbildung 6.1 und verwendet anstatt der Überlagerung durch die eingekoppelten Störsignale einen Hochfrequenzschalter, der über einen Funktionsgenerator angesteuert wird. Dieser Hochfrequenzschalter ermöglicht mit Hilfe des Funktionsgenerators, die Verbindung der Übertragung für eine definierte Zeitdauer periodisch zu unterbrechen.

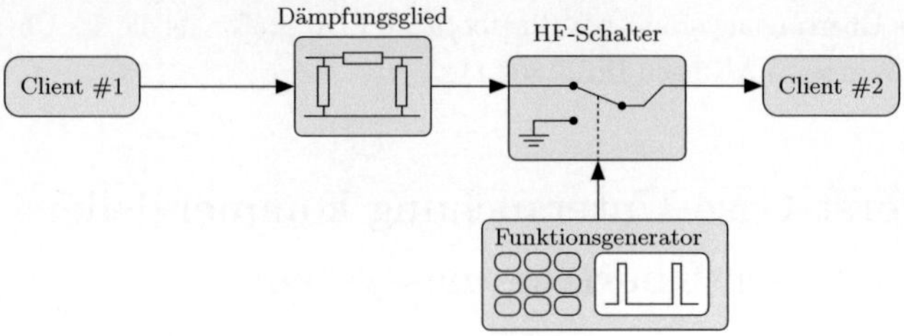

Abbildung 6.10: *Blockschaltbild zur Worst-Case-Untersuchung des Einflusses von leistungsstarken elektromagnetischen Störquellen auf kommerzielle drahtlose Übertragungssysteme durch periodisches Unterbrechung der Verbindung mit Hilfe eines Hochfrequenzschalters*

Bei diesen Untersuchungen wird eine Unterbrechungsdauer von 0 bis 1000 ns und die Wiederholfrequenz von 0 bis 10 kHz vorgegeben und dabei sowohl der relative Datendurchsatz (TCP-Übertragung) als auch die Paketfehlerrate (UDP-Übertragung) der verwendeten drahtlosen Übertragungssysteme analysiert. Mit der definierten mittleren Störimpulsdauer T_B aus Gleichung (5.8) sind damit mittlere Störimpulsdauern bis zu 10 ms/s erreichbar.

6.2.2 Ergebnisse

Die Ergebnisse der Worst-Case-Untersuchung für eine Variation der Unterbrechungsdauer und der Wiederholfrequenz sind für die untersuchten drahtlosen Übertragungssysteme graphisch in der Abbildung 6.11 gegenübergestellt. Dabei werden die drahtlosen Übertragungssysteme nach den Übertragungsstandards Wireless LAN nach IEEE 802.11b sowie IEEE 802.11g und Bluetooth 1.1 bzw. 2.0 EDR untersucht. Der Übertragungsstandard Bluetooth 1.1 verhält sich bei Beeinflussung durch die periodische Unterbrechung der Verbindung identisch zu Bluetooth 2.0 EDR und ist in den folgenden Abbildungen gemeinsam dargestellt. Die Erklärung für dieses Verhalten liegt im identischen Aufbau der Übertragungsstandards Bluetooth 1.1 und 2.0 EDR, der sich nach Tabelle 2.6 nur im Modulationsverfahren unterscheiden (GFSK und PSK).

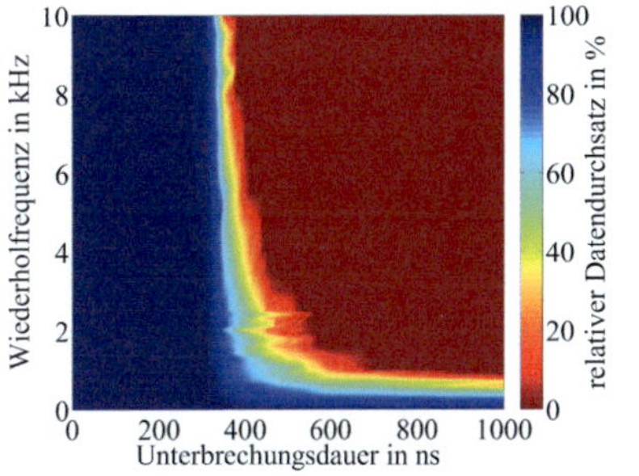

(a) Relativer Datendurchsatz des Übertragungsstandards Wireless LAN nach IEEE 802.11b

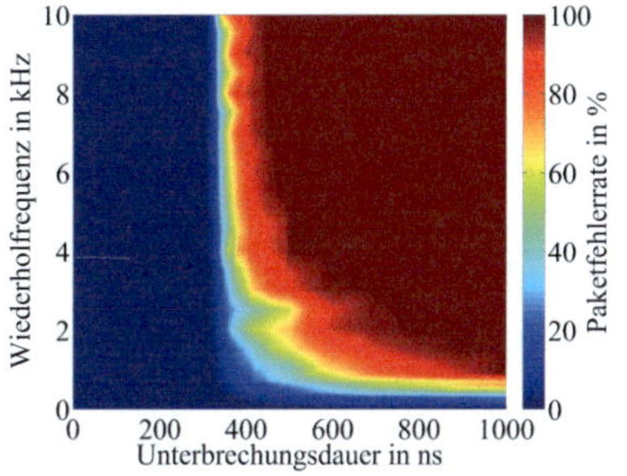

(b) Paketfehlerrate des Übertragungsstandards Wireless LAN nach IEEE 802.11b

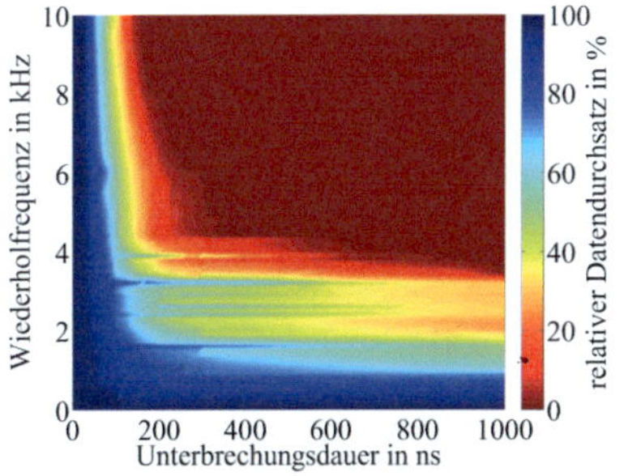

(c) Relativer Datendurchsatz des Übertragungsstandards Wireless LAN nach IEEE 802.11g

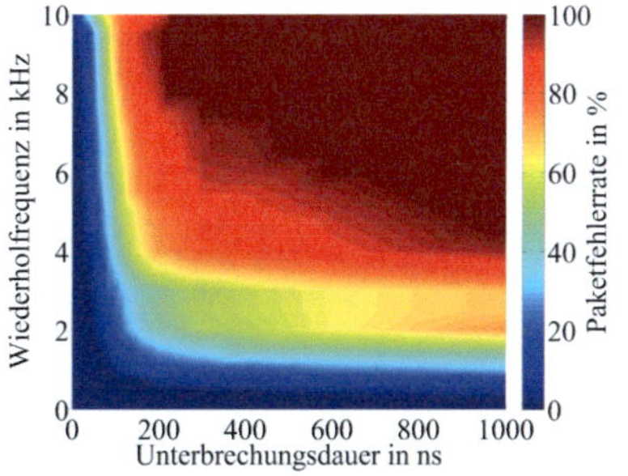

(d) Paketfehlerrate des Übertragungsstandards Wireless LAN nach IEEE 802.11g

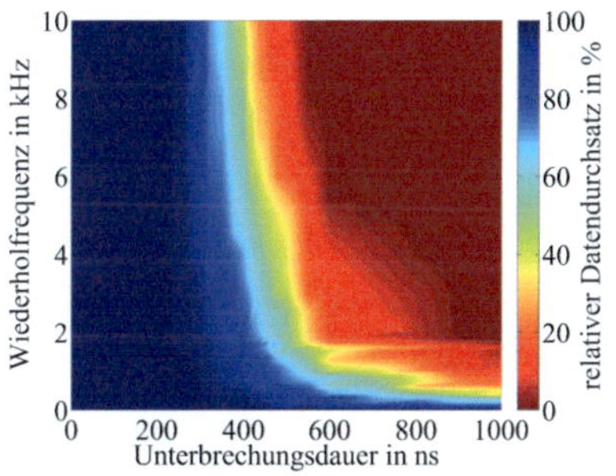

(e) Relativer Datendurchsatz des Übertragungsstandards Bluetooth 1.1 und 2.0 EDR

Abbildung 6.11: *Beeinflussung kommerzieller drahtloser Übertragungsstandards aus dem 2,4-GHz-ISM-Frequenzband durch periodisches Unterbrechen der Verbindung als Nachbildung einer leistungsstarken elektromagnetischen Störung*

Für die Übertragungsstandards Wireless LAN nach IEEE 802.11b sowie IEEE 802.11g sind sowohl die relativen Datendurchsätze (vgl. Abbildung 6.11(a) und (c)) als auch die Paketfehlerraten (vgl. Abbildung 6.11(c) und (d)) bei periodischer Unterbrechung der Verbindung bestimmt. Für den Übertragungsstandard Bluetooth 1.1 und 2.0 EDR ist, wie schon in Tabelle 6.2 beschrieben, nur der relative Datendurchsatz bestimmbar (vgl. Abbildung 6.11(e)). Die Abbildungen zeigen ein ähnliches Verhaltensmuster in der Beeinflussung der drahtlosen Übertragungssysteme gegenüber den Einflussfaktoren Wiederholfrequenz und Unterbrechungsdauer, wobei die Grenzen der Beeinflussungen variieren. Während die blauen Bereiche in den Abbildungen eine geringe Beeinflussung kennzeichnen, charakterisiert der rote Bereich eine sehr große Beeinflussung der Übertragungssysteme, wodurch kein Datenaustausch mehr stattfindet.

Ergänzend zu den relativen Datendurchsätzen sind in Abbildung 6.12 jeweils zwei Isolinien bezüglich des erreichbaren maximalen Datendurchsatzes extrahiert[2]. In den Abbildungen geben diese Isolinien einen relativen Datendurchsatz von 90 % und 10 % des maximalen Datendurchsatzes in Bezug auf Tabelle 6.2 an.

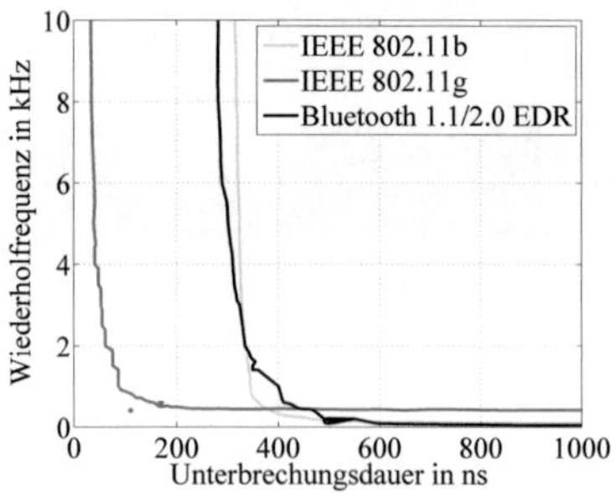

(a) Isolinie 90 % des maximalen Datendurchsatzes

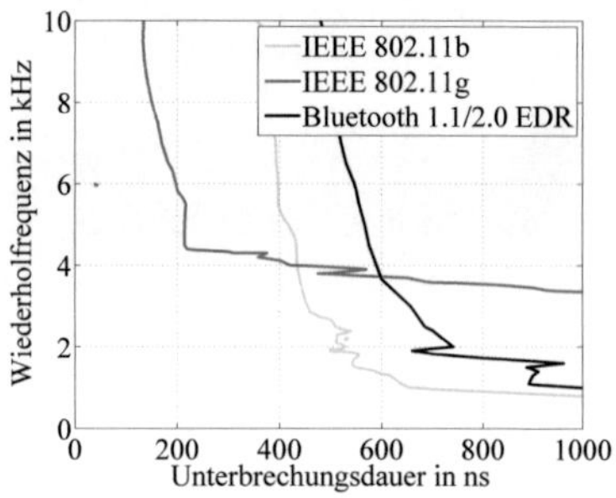

(b) Isolinie 10 % des maximalen Datendurchsatzes

Abbildung 6.12: *Aus Abbildung 6.11 extrahierte Isolinien der maximalen Datendurchsätze von drahtlosen Übertragungssystemen aus dem 2,4-GHz-ISM-Frequenzband bei periodischer Unterbrechung der Verbindung mit verschiedenen Unterbrechungsdauern*

Bei Betrachtung der extrahierten Isolinien in Abbildung 6.12 wird ein hyperbolisches Verhalten deutlich und zeigt ein asymptotisches Verhalten der beiden Parameter Unterbrechungsdauer sowie Wiederholfrequenz auf den erzielbaren relativen Datendurchsatz des drahtlosen Übertragungssystems. Das asymptotische Verhalten der Isolinien ist für

[2]Der Begriff Isolinie wird als Bezeichnung für Linien entlang gleicher Beeinflussung des untersuchten drahtlosen Übertragungsstandards auf Basis der erzielten Datenraten durch eine periodische Unterbrechung der Übertragung verwendet.

die 10-%- und die 90-%-Isolinie des relativen Datendurchsatzes bezüglich der Unterbrechungsdauer und der Wiederholfrequenz in Tabelle 6.4 zusammengefasst.

Tabelle 6.4: *Asymptotische Grenzwerte für die Isolinien in Abhängigkeit von Unterbrechungsdauer und Wiederholfrequenz aus Abbildung 6.11*

Übertragungsstandard	90 % des maximalen Datendurchsatzes	10 % des maximalen Datendurchsatzes
Wireless LAN IEEE 802.11b	325 ns / 0,1 kHz	375 ns / 0,9 kHz
Wireless LAN IEEE 802.11g	50 ns / 0,5 kHz	150 ns / 3,4 kHz
Bluetooth 1.1 und 2.0 EDR	300 ns / 0,1 kHz	500 ns / 1,5 kHz

Mit diesen Ergebnissen wird deutlich, dass sich die Parameter Wiederholfrequenz und Unterbrechungsdauer unterschiedlich auf die drahtlosen Übertragungssysteme auswirken. Während sich die relativen Datendurchsätze bei den Übertragungsstandards Wireless LAN nach IEEE 802.11b und Bluetooth für Unterbrechungsdauern bis zu einer Länge von 325 ns kaum beeinflussen lassen, führen beim Übertragungsstandard Wireless LAN nach IEEE 802.11g Unterbrechungsdauern von 50 ns bereits zu einer Beeinflussung, die ab 150 ns keine Übertragung mehr zulassen. Gegenüber Störungen, die zu einer Unterbrechung der Verbindung führen können, sind bezüglich der Unterbrechungsdauer die Übertragungsstandards Wireless LAN nach IEEE 802.11b und Bluetooth robuster als der Übertragungsstandard Wireless LAN nach IEEE 802.11g.

Bei Betrachtung der Wiederholfrequenz wird deutlich, dass sich der Übertragungsstandard Wireless LAN nach IEEE 802.11g erst ab Wiederholfrequenzen über 0,5 kHz im erhöhten Maße beeinflussen lässt, während sich sowohl der Übertragungsstandard Wireless LAN nach IEEE 802.11b als auch Bluetooth bereits ab Wiederholfrequenzen über 0,1 kHz erkenntlich beeinflussen lassen. Der Übertragungsstandard Wireless LAN nach IEEE 802.11g zeigt daher gegenüber den anderen untersuchten Übertragungsstandards bezüglich der Wiederholfrequenz ein robusteres Verhalten.

6.3 Schutzkonzepte

Die vorigen Abschnitte haben gezeigt, dass es durch Frontdoor-Kopplung von leistungsstarken elektromagnetische Störungen zu einer Beeinflussung von drahtlosen Übertragungssystemen aus dem 2,4-GHz-ISM-Frequenzband kommen kann. Zur Reduktion der auftretenden Effekte auf die Übertragung sowie zum Schutz der elektronischen Komponenten bieten sich Filterstrukturen an, welche über lineare oder nichtlineare Filterstrukturen realisiert werden können. Dieser Abschnitt liefert eine kurze Übersicht der möglichen Schutzkonzepte zur Reduktion des Einflusses leistungsstarker elektromagnetischer Störungen.

Abbildung 6.13 stellt die Einsatzmöglichkeiten von linearen und nichtlinearen Filtern dar. Lineare Filter werden effektiv dort eingesetzt, wo sich Nutz- und Störsignalspektrum im Frequenzbereich nicht überlappen (vgl. Abbildung 6.13(a)). Für drahtlose Übertragungssysteme aus dem 2,4-GHz-ISM-Frequenzband ist dieses für periodische Störungen außerhalb des 2,4-GHz-ISM-Frequenzbandes sowie für transiente Störungen mit einer maximalen Frequenz geringer als 2,4 GHz der Fall. Der Einsatz nichtlinearer Filter wird dann genutzt, wenn sich Nutz- und Störsignalspektrum überlappen (vgl. Abbildung 6.13(b)) und das Störsignal im Zeitbereich eine wesentlich höhere Amplitude aufweist als das Nutzsignal. Während die Nutzsignale durch nichtlineare Filter im Normalfall nur sehr gering gedämpft werden, wird im Falle einer Störung jedoch weiterhin das Signal störend beeinflusst. Diese nichtlinearen Filter können daher nur die Spitzenwerte der über die Antenne einkoppelnden leistungsstarken elektromagnetischen Störung oberhalb einer definierten Schwelle und damit die Beeinflussungsdauer reduzieren, jedoch nicht die Störbeeinflussung selbst.

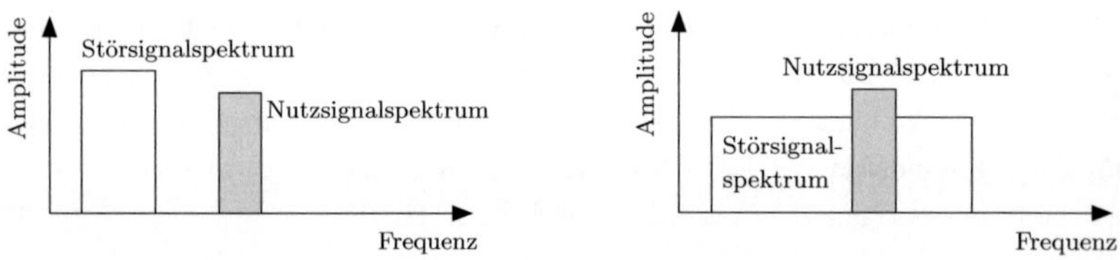

(a) *Einsatzmöglichkeit für lineare Filter* (b) *Einsatzmöglichkeit für nichtlineare Filter*

Abbildung 6.13: *Einsatzmöglichkeiten für Filter zum Schutz von elektronischen Komponenten und Systemen*

Beispiele für lineare Filter finden sich in [26, 72, 100] und für nichtlineare Filter in [26, 27, 72]. Die dort verwendeten Filtern zur Reduzierung von Störungen durch leistungsstarke elektromagnetische Störungen, können auch für den Einsatz bei drahtlosen Übertragungssystemen aus dem 2,4-GHz-ISM-Frequenzband Anwendung finden.

7 Zusammenfassung

Gegenstand dieser Arbeit ist die Analyse des Einflusses leistungsstarker elektromagnetischer Störungen, die unter dem Begriff der HPEM zusammengefasst werden, auf drahtlose digitale Übertragungssystemen aus dem 2,4-GHz-ISM-Frequenzband.

Nach Beschreibung typischer drahtloser Übertragungssysteme aus dem 2,4-GHz-ISM-Frequenzband sowie relevanter leistungsstarker elektromagnetischer Störquellen und deren Nachbildung unter Laborbedingungen, sind die Kopplungsmechanismen in drahtlose Übertragungssysteme theoretisch und analytisch bestimmt worden. Dabei sind sowohl die Frontdoor- als auch die Backdoor-Kopplung betrachtet worden. Die Analyse der Frontdoor-Kopplung von ausgewählten leistungsstarken elektromagnetischen Störquellen erfolgte innerhalb einer GTEM-Zelle mit typischen Antennen zur Benutzung im 2,4-GHz-ISM-Frequenzband. Dabei sind breitbandige UWB-Feldimpulse sowie schmalbandige S-Band-Radarimpulse für die Einkopplungsuntersuchungen benutzt worden. Die Backdoor-Kopplung wurde ergänzend anhand von USB-Modulen zur drahtlosen Übertragung abgeschätzt.

Mit Kenntnis der über die Antenne eingekoppelten Störimpulse, sind die Einflüsse der Frontdoor-Kopplung auf das Basisband von drahtlosen Übertragungssystemen aus dem 2,4-GHz-ISM-Frequenzband untersucht worden. Es sind dazu die Auswirkungen auf das Basisbandsignal eines digitalen Empfängers bestimmt worden, indem die eingekoppelten Störsignale einem Quadraturmodulator zugeführt und die resultierenden Basisbandsignale am Demodulatorausgang bestimmt worden sind. Dabei konnte die Beeinflussungsdauer einer Störung auf das Basisbandsignal sowohl durch die Pulsdauer als auch durch die elektrische Spitzenfeldstärke verlängert werden. Besonders die Höhe der elektrischen Spitzenfeldstärke hat dabei zu einer wesentlichen Verlängerung der störenden Beeinflussungsdauer im Basisband geführt. Diese Verlängerung wird maßgeblich durch die nichtlinearen Effekte des Empfängerverstärkers im Demodulator hervorgerufen. Bei zusätzlich überlagerter Demodulation von Bandpasssignalen eines Wireless LAN-Netzwerks mit den eingekoppelten Störsignalen ist eine Beeinflussung der demodulierten Wireless LAN-Bandpasssignale deutlich erkennbar gewesen. Diese Beeinflussungen haben sich auch bei der Analyse einer grundlegenden Datenübertragung für das 2,4-GHz-ISM-Frequenzband bestätigen können und zeigten darüber hinaus, dass die Pulswiederholfrequenz einen zusätzlichen Parameter bei der Beeinflussung darstellt.

Die Beeinflussbarkeit von kommerziellen drahtlosen Übertragungssystemen aus dem 2,4-GHz-ISM-Frequenzband wird im letzten Abschnitt untersucht. Dabei ist die Leistungsfähigkeit von drahtlosen Übertragungssystemen auf Basis der Übertragungsstandards Wireless LAN nach IEEE 802.11b/g sowie Bluetooth 1.1/2.0 EDR analysiert worden. Mit Hilfe des IP-Protokolls nach dem ISO/OSI-Referenzmodell ist sowohl der unter einer Beeinflussung erreichbare relative Datendurchsatz als auch die Paketfehlerrate der Verbindung bei unterschiedlichen Parametern der leistungsstarken elektromagnetischen Störungen bestimmt worden. Die Untersuchungen wurden anschließend durch eine Worst-Case-Untersuchung erweitert, bei der mit einem Hochfrequenzschalter die Übertragungsverbindung periodisch für eine definierte Zeitdauer unterbrochen worden ist. Es zeigte sich, dass vor allem die Übertragungsstandards Bluetooth und Wireless LAN nach IEEE 802.11b gegenüber längeren Unterbrechungsdauern eine höhere Störfestigkeit aufweisen als der Übertragungsstandard Wireless LAN nach IEEE 802.11g. Andererseits zeigt der Übertragungsstandard Wireless LAN nach 802.11g eine höhere Störfestigkeit gegenüber höheren Wiederholfrequenzen als die anderen untersuchten Übertragungsstandards.

Es konnte damit gezeigt werden, dass sich drahtlose digitale Übertragungssysteme aus dem 2,4-GHz-ISM-Frequenzband durch leistungsstarke elektromagnetische Störungen aufgrund der Parameter elektrische Spitzenfeldstärke, Pulswiederholfrequenz und Pulslänge unterschiedlich beeinflussen lassen. Sowohl mit der UWB-Feldimpulsquelle als auch mit den S-Band-Radarimpulsen konnte mit den gewählten Parametern kein kompletter Verbindungsabbruch der Übertragung hervorgerufen werden. Auch eine dauerhafte Schädigung bzw. eine Zerstörung von Bauelementen wurde nicht erreicht. Lediglich eine Reduktion der Leistungsfähigkeit von drahtlosen Übertragungen ist durch die Störung erzielt worden. Dabei zeigte sich, dass gerade kommerzielle drahtlose Übertragungssysteme mit digitalen Modulationsverfahren hoher Wertigkeiten (wie Wireless LAN nach IEEE 802.11g und Bluetooth 2.0 EDR) im Vergleich zu digitalen Modulationsverfahren mit einer niedrigen Wertigkeiten (wie Wireless LAN nach IEEE 802.11b und Bluetooth 1.1) im direkten Vergleich schon bei geringen elektrischen Spitzenfeldstärken des einkoppelnden UWB-Feldimpulses eine Beeinflussung zeigten. Ein identisches Verhalten ist bei der Beeinflussung durch S-Band-Radarimpulse bis zu elektrischen Spitzenfeldstärken von 1,5 kV/m erkennbar. Hier führten die S-Band-Radarimpulse bei den kommerziellen drahtlosen Übertragungssystemen mit einer niedrigen Wertigkeit zu keinerlei Beeinflussungen.

Literaturverzeichnis

[1] T. Pilsak, "*Funksysteme zur schiffsinternen Datenübertragung unter Berücksichtigung der EMV*". Dissertation, Technische Universität Hamburg-Harburg, 2011.

[2] C. Klünder, A. Schoof, J. L. ter Haseborg, "*On the Use of Wireless Communication Systems on Ships*" Proceedings of the International Workshop on Electromagnetic Compatibility (EMC Europe Workshop 2007), Paris, Frankreich, Juni 2007.

[3] U. Bilstrup P.-A. Wiberg, "*Bluetooth in Industrial Environment*" Proceedings of 3rd IEEE International Workshop on Factory Communication Systems, Porto, Portugal, pp. 239–246, September 2000.

[4] VDI, "*Wireless Automation: VDI-Berichte 1979*". Verein Deutscher Ingenieure Wissensforum IWB GmbH, 2007. ISBN: 978-3-18-091979-9.

[5] VDI, "*Funkgestützte Kommunikation - Eine Herausforderung in der Automatisierungstechnik*". Verein Deutscher Ingenieure, 2000. ISBN: 3-18-091580-3.

[6] VDI, "*Funkgestützte Kommunikation in der industriellen Automatisierungstechnik*". Verein Deutscher Ingenieure, 2004. ISBN: 3-18-091843-8.

[7] Amtsblatt der Europäischen Union, "*Richtlinie 2004/108/EG des Europäischen Parlaments und des Rates vom 15. Dezember 2004 zur Angleichung der Rechtsvorschriften der Mitgliedstaaten über die elektromagnetische Verträglichkeit und zur Aufhebung der Richtlinie 89/336/EWG*" 2004.

[8] A. Schoof, T. Stadtler, J. L. ter Haseborg, "*EMV von ISM-Funkverbindungen (2,4 GHz) zur Kabelreduzierung von Schiffsbrücken*" EMV 2004, 12. Internationale Fachmesse und Kongress für Elektromagnetische Verträglichkeit, Düsseldorf, Deutschland, pp. 707–714, VDE Verlag GmbH, Februar 2004. ISBN: 3-8007-2810-9.

[9] AUTENDIB, "*Automatisierung der Endmontage Integrierter Brückensysteme durch deutliche Reduzierung der Verkabelung: Schlußbericht*". 2004.

[10] A. Schoof, "*Entwicklung und Untersuchung von 2,4-GHz-ISM-Funksystemen für Schiffsbrücken unter besonderer Berücksichtigung der EMV*". Dissertation, Technische Universität Hamburg-Harburg, 2007.

[11] A. Knobloch, "*EMV-Aspekte digitaler Datenübertragung*". Dissertation, Universität Hannover, 2005.

[12] P. Änskog, C. Karlsson, J. F. Coll, J. Chilo, P. Stenumgaard, "*Sources of Disturbances on Wireless Communication in Insdustrial and Factory Environments*" Proceedings of the Asia-Pacific International Symposium on Electromagnetic Compatibility, Peking, China, pp. 285–288, 2010.

[13] R. Punnoose, R. Tseng, D. Stancil, "*Experimental Results for Interference between Bluetooth and IEEE 802.11b DSSS Systems*" Proceedings of the 54th Vehicular Technology Conference (VTC - Fall), Atlantic City, USA, pp. 67–71, Oktober 2001.

[14] N. Golmie, R. Van Dyck, A. Soltanian, A. Tonnerre, O. Rébala, "*Interference Evaluation of Bluetooth and IEEE 802.11b Systems*" Springer Journal of Wireless Networks Vol. 9, pp. 201–211, Mai 2003.

[15] I. Howitt, "*Bluetooth Performance in the Presence of 802.11b WLAN*" IEEE Transactions on Vehicular Technology Vol. 51, pp. 1640 – 1651, November 2002.

[16] K. Wong T. O'Farrell, "*Coverage of 802.11g WLANs in the Presence of Bluetooth Interference*" Proceedings of the 14th IEEE Conference on Personal, Indoor and Mobile Radio Communications (PIMRC 2003) Vol. 3, Beijing, China, pp. 2027 – 2031, September 2003.

[17] Y. Matsumoto, M. Takeuchi, A. Fujii, Katsumi ad Sugiura, Y. Yamanaka, "*A Time-Domain Microwave Oven Noise Model for the 2.4 GHz Band*" IEEE Transactions on Electromagnetic Compatibility Vol. 45, pp. 551–566, August 2003.

[18] A. Kamerman N. Erkocevic, "*Microwave Oven Interference on Wireless LANs Operating in the 2.4 GHz ISM Band*" Proceedings of the 8th IEEE International Symposium on Personal, Indoor and Mobile Radio Communications (Waves of the Year 2000 - PIMRC '97) Vol. 3, Helsinki, Finnland, pp. 1221 –1227, September 1997.

[19] S. Krishnamoorthy, M. Robert, S. Srikanteswara, M. Valenti, C. Anderson, J. Reed, "*Channel Frame Error Rate for Bluetooth in the Presence of Microwave Ovens*" Proceedings of the 56th Vehicular Technology Conference (VTC 2002-Fall) Vol. 2, Québec City, Kanada, pp. 927–931, 2002.

[20] D. Leiss, "*Co-Interference between Military Radars and 802.11a WLAN Networks*" Proceedings of the IEEE Systems Readiness Technology Conference (AUTOTESTCON 2003), Anaheim, USA, pp. 290–293, Oktober 2003.

[21] W. Radasky, C. Baum, M. Wik, "*Introduction to High-Power-Electromagnetics, Intentional Electromagnetic Interference (IEMI) and the Special Issue*" IEEE Transactions on Electromagnetic Compatibility Vol. 46, August 2004.

[22] C. D. Taylor D. V. Giri, "*High-Power Microwave Systems and Effects*". Taylor & Francis, 1994. ISBN 1-56032302-7.

[23] W. Radasky, "*The Threat of Intentional Interference (IEMI) to Wired and Wireless Systems*" Proceedings of the 17th International Zurich Symposium on Electromagnetic Compatibility, Zürich, Schweiz, pp. 160–163, März 2006.

[24] M. Camp, "*Empfindlichkeit eletronischer Schaltungen gegen transiente elektromagnetische Feldimpulse*". Dissertation, Universität Hannover, 2004.

[25] D. Nitsch, "*Die Wirkung eingekoppelter ultrabreitbandiger elektromagnetischer Impulse auf komplexe elektronische Systeme*". Dissertation, Technische Universität Hamburg-Harburg, 2005.

[26] R. Krzikalla, "*Beeinflussung und Schutz von elektronischen Bauelementen auf PCB-Ebene unter Berücksichtigung extremer elektromagnetischer Störungen*". Dissertation, Technische Universität Hamburg-Harburg, 2009.

[27] F. Brauer, "*Schutz von komplexen elektronischen Systemen vor Störungen durch elektromagnetische Pulse hoher Leistung*". Dissertation, Technische Universität Hamburg-Harburg, 2011.

[28] J. Maxwell, "*A Dynamical Theory of the Electromagnetic Field*" Philosophical Transactions of the Royal Society of London 155, pp. 459–512, 1865.

[29] Bundesnetzagentur, "*Vfg 76 / 2003 - Allgemeinzuteilung von Frequenzen in den Frequenzteilbereichen gemäß Frequenzbereichszuweisungsplanverordnung (FreqBZPV), Teil B: Nutzungsbestimmungen (NB) D138 und D150 für die Nutzung durch die Allgemeinheit für ISM-Anwendungen*" 2003.

[30] C. E. Shannon, "*A Mathematical Theory of Communication*" Bell System Technical Journal Vol. 27, pp. 379–423 and 623–656, 1948.

[31] N. Fliege, "*Systemtheorie*". Teubner Verlag, 1991. ISBN: 978-3519061403.

[32] A. Picot H. Tillmann, "*Digitale Dividende*". Springer Verlag, 2009. ISBN 978-3-642-01361-4.

[33] K. Kammeyer, "*Nachrichtenübertragung*". B.G. Teubner, 1996. ISBN 3-519-16142-7.

[34] H. Lüke, "*Korrelationssignale*". Springer Verlag, 1992. ISBN 978-3540545798.

[35] Bluetooth SIG Inc., "*Specification of the Bluetooth System, Version 4.0*" 2009.

[36] ISO/IEC 7498-1, "*Information Technology - Open Systems Interconnection - Basic Reference Model: The Basic Model*" 1994.

[37] ETSI EN 300 328, "*Electromagnetic Compatibility and Radio Spectrum Matters (ERM); Wideband Transmission Systems; Data transmission Equipment Operating in the 2,4 GHz ISM Band and Using Spread Spectrum Modulation Techniques*" 2006.

[38] ETSI ES 202 131, "*Electromagnetic Compatibility and Radio Spectrum Matters (ERM); Wideband Transmission Systems; Data Transmission Equipment Operating in the 2,4 GHz ISM Band Using Spread Spectrum Modulation Techniques and 5 GHz High Performance RLAN Equipment; Specification of Reference Receiver Performance Parameters for Spectrum Planning*" 2003.

[39] Federal Communications Commission, "*FCC Part 15*" 2011.

[40] TELEC Standard, "*2.4 GHz Band Wide-Band Low-Power Data Communication System.*" Item 19 of Article 2 Paragraph 1.

[41] IEEE 802.11, "*Wireless LAN Medium Access Control (MAC) and Physical Layer (PHY) Specifications*" 1999.

[42] J. Rech, "*Wireless LANs - 802.11-WLAN-Technologie und praktische Umsetzung im Detail*". Heise Zeitschriften Verlag GmbH & Co. KG, 2008. ISBN 978-3-936931-51-8.

[43] M. Sauter, "*Grundkurs Mobile Kommunikationssysteme*". Vieweg Verlag, 2008. ISBN 978-3-8348-0397-9.

[44] N. J. Muller, "*Bluetooth*". MITP-Verlag GmbH, 2001. ISBN: 3-8266-0738-4.

[45] K.-L. Du M. Swamy, "*Wireless Communication Systems: From RF Subsystems to 4G Enabling Technologies*". Cambridge University Press, 2010. ISBN: 9-780-52111403-5.

[46] IEEE 802.15.1, "*Wireless Medium Access Control (MAC) and Physical Layer (PHY) Specifications for Wireless Personal Area Networks (WPANs)*" 2002.

[47] H. Laboid, "*Wi-Fi, Bluetooth, ZigBee and Wimax*". Springer Verlag, 2007. ISBN 978-1-4020-5397-9.

[48] S. Farahani, "*ZigBee Wireless Networks and Transceivers*". Elsevier, 2008. ISBN 978-0-7506-8393-7.

[49] IEEE 802.15.4, "*Wireless Medium Access Control (MAC) and Physical Layer (PHY) Specifications for Low-Rate Wireless Personal Area Networks (WPANs)*" 2003.

[50] ZigBee Alliance, "*ZigBee Specification r17*" Januar 2008.

[51] M. Höing, K. Ahmad, U. Meier, "*Koexistenzmessungen - von der Theorie zu Standardisierungsbetrachtungen, dargestellt anhand von Messungen an einem industriellen Bluetooth-System*" VDI-Berichte Nr. 2010, Wireless Automation, pp. 97–106, 2008. ISBN 3-18-092010-8.

[52] VDE 0870-1, "*Elektromagnetische Beeinflussung (EMB), DIN 57 870*" 1984.

[53] A. J. Schwab W. Kürner, "*Elektromagnetische Verträglichkeit*". Springer Verlag, 2007. ISBN: 978-3-540-42004-0.

[54] C. E. Baum, "*From the Electromagnetic Pulse to High-Power Electromagnetics*" Proceedings of the IEEE Vol. 80, No. 6, no. 6, pp. 789–817, 1992.

[55] IEC 61000-2-13, "*Electromagnetic Compatibility (EMC) - Part 2-13: Environment - High-Power Electromagnetic (HPEM) Environments - Radiated and Conducted*" 2005.

[56] D. Giri F. Tesche, "*Classification of Intentional Electromagnetic Environments (IEME)*" IEEE Transactions on Electromagnetic Compatibility Vol. 46, pp. 322–328, 2004.

[57] D. Giri, "*Classification of Intentional EMI based on Bandwidth*" Proceedings of the American Electromagnetics (AMEREM 2002), Annapolis, USA, Juni 2002.

[58] R. B. Standler, "*Protection of Electronic Circuits from Overvoltages*". Wiley, 1989. ISBN 0-471-61121-2.

[59] IEC 61000-4-4, "*Electromagnetic Compatibility (EMC) - Part 4-4: Testing and Measurement Techniques - Electric Fast Transients / Burst Immunity Test*" 1995.

[60] IEC 61000-2-9, "*Electromagnetic Compatibility (EMC) - Part 2-9: Environment - Description of HEMP Environment - Radiated Disturbance - Basic EMC Publication*" 1996.

[61] J. Benford, J. Swegle, E. Schamiloglu, "*High Power Microwaves*". Taylor & Francis, 2006. ISBN 0-7503-0706-4.

[62] IEEE Standard 521, "*IEEE Standard Letter Designations for Radar-Frequency Bands*" 2003.

[63] A. Ludloff, "*Praxiswissen Radar und Radarsignalverarbeitung*". Vieweg + Teubner, 2008. ISBN 978-3-8348-0597-3.

[64] J. Göbel, "*Radartechnik*". VDE-Verlag, 2001. ISBN 3-8007-2582-7.

[65] RTCA DO-107, "*Guide to Certification of Aircraft in a High Intensity Radiated Field (HIRF) Environment*" März 2001.

[66] RTCA DO-160E, "*Environmental Conditions and Test Procedures for Airborne Equipment*" Dezember 2004.

[67] SAM Electronics, "*Radar 9xxx, service manual*" 2001.

[68] K. Lee, "*EMP Interaction: Principles, Techniques and Reference Data*". Springer-Verlag, 1986. ISBN 3-540-16926-1.

[69] IEC 61000-5-9, "*Electromagnetic Compatibility (EMC) - Part 5-9: Installation and Mitigation Guidelines - System Level Susceptibility Assessments for HEMP and HPEM*" 2009.

[70] IEC 61000-1-5, "*Electromagnetic Compatibility (EMC) - Part 1-5: High Power Transient Phenomena - High Power Electromagnetics (HPEM) Effects on Civil Systems*" 2004.

[71] D. Giri, "*High-Power Electromagnetic Radiators: Nonlethal Weapons and Other Application*". Harvard University Press, 2004. ISBN 0-674-01569-X.

[72] T. Weber, "*Messverfahren und Schutzmaßnahmen für elektromagnetische Pulse im UWB-Bereich*". Dissertation, Technische Universität Hamburg-Harburg, 2004.

[73] R. Marcus, "*Electromagnetic Compatibility Aspects of Impulse Radars*" Proceedings of the IEEE International Symposium on Electromagnetic Compatibility, Washington D.C., USA, pp. 185 –188, August 1990.

[74] IEC 61000-4-20, "*Electromagnetic Compatibility (EMC) - Part 4-20: Testing and Measurement Techniques - Emission and Immunity Testing in Transverse Electromagnetic (TEM) Waveguides*" 2010.

[75] H. Thye, G. Armbrecht, M. Koch, "*Pulse Propagation in Gigahertz Transverse Electromagnetic Cells*" IEEE Transactions on Electromagnetic Compatibility Vol. 51, pp. 592–603, August 2009.

[76] D. Zamow, H. Thye, H. Garbe, "*Applicability of the IEC 61000-4-20 for Transient Testing with UWB Signals*" Proceedings of the 8th International Symposium on Electromagnetic Compatibility (EMC Europe 2008), Hamburg, Germany, September 2008.

[77] Kentech Instruments Ltd., "*Technisches Datenblatt 'PBG High Voltage Pulse Sources'*" 2000.

[78] K. Kark, "*Antennen und Strahlungsfelder: Elektromagnetische Wellen auf Leitungen, im Freiraum und ihre Abstrahlung*". Vieweg + Teubner, 2006. ISBN 978-3-834-80216-3.

[79] F. Brauer, C. Klünder, J. L. ter Haseborg, "*The Influence of Different PCB Materials on the Coupling Behavior of High Power Electromagnetics*" Proceedings of International Workshop on Electromagnetic Compatibility (EMC Europe Workshop 2009), Athen, Griechenland, Juni 2009.

[80] H.-M. Chen Y.-F. Lin, "*Printed Monopole Antenna for 2.4/5.2 GHz Dual-Band Operation*" Proceedings of the IEEE International Symposium on Antennas and Propagation Vol. 3, Columbus, USA, pp. 60 – 63, Juni 2003.

[81] H.-M. Chen, J.-M. Chen, P.-S. Cheng, Y.-F. Lin, "*Microstrip-fed Printed Dipole Antenna for 2.4/5.2 GHz WLAN Operation*" Proceedings of the IEEE International Symposium on Antennas and Propagation Vol. 3, Sendai, Japan, pp. 2584 – 2587, Juni 2004.

[82] M. Pauli, C. Waldschmidt, W. Sörgel, W. Wiesbeck, "*Measurement Results of Compact MIMO Terminal Antennas*" Proceedings of the URSI General Assembly 2005, New Delhi, India, Oktober 2005.

[83] Y. Huang K. Boyle, "*Antennas from Theory to Practice*". John Wiley & Sons Ltd, 2008. ISBN 978-0-470-51028-5.

[84] K. Haake, T. Stadtler, J. L. ter Haseborg, "*Treatment of a Low Cost Spherical Coordinates Electric Field Scanner under Consideration of Radiation Measurement*" Proceedings of the 7th International. Symposium on Electromagnetic Compatibility (EMC Europe 2006), Barcelona, Spain, September 2006.

[85] K. Haake, "*Automatisierte Messsysteme für elektromagnetische Felder komplexer Strahlungsquellen*". Dissertation, Technische Universität Hamburg-Harburg, 2011.

[86] C. Klünder J. L. ter Haseborg, "*Impact of UWB Pulses on Basic PCB Antennas for Wireless Communication Systems Using the 2.4 GHz ISM Band*" Proceedings of the 8th International Symposium on Electromagnetic Compatibility (EMC Europe 2008), Hamburg, Deutschland, pp. 443–447, September 2008.

[87] C. Klünder J. L. ter Haseborg, "*Untersuchung der Einkopplungen von UWB-Pulsen auf Funksysteme im 2,4-GHz-ISM-Band*" Advances in Radio Science Vol. 8, Kleinheubach, Deutschland, pp. 189–194, 2010.

[88] C. Klünder, K. Haake, J. L. ter Haseborg, "*Beschreibung der Abstrahlcharakteristiken von handelsüblichen Funksendern im 2,4-GHz-ISM-Band unter Gesichtspunkten der EMV*" EMV 2008, 14. Internationale Fachmesse und Kongress für Elektromagnetische Verträglichkeit, Düsseldorf, Deutschland, pp. 381–388, VDE Verlag GmbH, 19.-21. Februar 2008. ISBN 978-3-800-73075-9.

[89] USB Implementers Forum Inc., "*Universal Serial Bus Specification Rev. 2.0*" April 2000.

[90] T. Stadtler, R. Rumold, J. L. ter Haseborg, "*EMV eines Systems unter Berücksichtigung von Bluetooth-Verbindungen*" EMV 2002, 11. Internationale Fachmesse und Kongress für Elektromagnetische Verträglichkeit, Düsseldorf, Deutschland, pp. 701–708, VDE Verlag GmbH, 9.-11. April 2002. ISBN 978-3-800-72684-4.

[91] H. Singer, H.-D. Brüns, A. Freiberg, *CONCEPT II-Manual of the Program System.* TU Hamburg-Harburg, 2002.

[92] C. Klünder J. L. ter Haseborg, "*An Estimation of the Backdoor Coupling of UWB Pulses on Commercial Wireless USB Adapters*" Proceedings of IEEE International Symposium on Electromagnetic Compatibility, Detroit, USA, August 2008.

[93] C. Klünder J. L. ter Haseborg, "*Untersuchung des Einflusses transienter und energiereicher Störungen auf Funkübertragungssysteme im 2,4-GHz-ISM-Band*" EMV 2010, 15. Internationale Fachmesse und Kongress für Elektromagnetische Verträglichkeit, Düsseldorf, Deutschland, pp. 305–312, VDE Verlag GmbH, März 2010. ISBN 978-3-8007-3206-7.

[94] M. Theiner, "*Entwicklung eines Vektorsignalgenerators zur Erzeugung modulierter digitaler Signale auf Basis eines ARM9-Prozessors*" Diplomarbeit, Technische Universität Hamburg-Harburg, Mai 2008.

[95] S. Schwarz, "*Entwicklung eines digitalen Empfängersystems zur Untersuchung der Auswirkung von transienten Störungen auf modulierte Sendesignale im 2,4-GHz-ISM-Band*" Diplomarbeit, Technische Universität Hamburg-Harburg, November 2009.

[96] Analog Devices, "*Technisches Datenblatt 'Quadraturdemodulator AD8347'*" 2005.

[97] Analog Devices, "*Technisches Datenblatt 'Quadraturmodulator AD8346'*" 2005.

[98] T. Schildknecht, "*Wireless Profibus und Wireless Profinet - Funkstandards in der Automatisierungstechnik!?*" VDI-Berichte Nr. 2010, Wireless Automation, pp. 43–52, 2008. ISBN 3-18-092010-8.

[99] C. Klünder J. L. ter Haseborg, "*Effects of High-Power and Transient Disturbances on Wireless Communication Systems Operating Inside the 2.4 GHz ISM Band*" Proceedings of IEEE International Symposium on Electromagnetic Compatibility, Fort Lauderdale, USA, August 2010.

[100] C. Klünder, F. Brauer, J. L. ter Haseborg, "*Behavior of 2.4 GHz ISM Bandpass Filters of Different Materials by Applying UWB Pulses*" Proceedings of the International Workshop on Electromagnetic Compatibility (EMC Europe Workshop 2009), Athen, Griechenland, Juni 2009.

Lebenslauf

Christian Klünder

Geboren am:	19. Mai 1980
Geburtsort:	Hamburg
Familienstand:	verheiratet
Nationalität:	deutsch

Berufliche Tätigkeiten:

seit 2010	Laborleiter für Elektrische Sicherheit und Klimaverträglichkeit, TestCenter, Dräger Medical GmbH, Lübeck
2006 - 2010	Wissenschaftlicher Mitarbeiter, Institut für Messtechnik / Elektromagnetische Verträglichkeit, Technische Universität Hamburg-Harburg

Ausbildung:

2000 - 2005	Studium Elektrotechnik / Nachrichtentechnik, Technische Universität Hamburg-Harburg
1990 - 1999	Gymnasium Meiendorf, Hamburg

Abschlüsse:

2005	Diplom-Ingenieur Elektrotechnik / Nachrichtentechnik
2002	Vordiplom Elektrotechnik
1999	Abitur

Wehrdienst:

1999 - 2000	Grundwehrdienst als Luftfahrzeug-Elektromechaniker-Gast, Marinefliegergeschwader 5, Kiel-Holtenau